# IDENTIFICATION ATLAS OF OCEANIAN TIMBER

# 大洋洲木材图鉴

袁绯玭　姚若灵　孙书冬　罗炘　编著

中国林业出版社
北京

图书在版编目（CIP）数据

大洋洲木材图鉴 / 袁绯玭等编著 . -- 北京：中国林业出版社, 2020.12
ISBN 978-7-5219-0952-4

Ⅰ . ①大… Ⅱ . ①袁… Ⅲ . ①木材识别－大洋洲－图谱 Ⅳ . ① S781.1-64

中国版本图书馆 CIP 数据核字 (2020) 第 264715 号

中国林业出版社 · 建筑家居分社
责任编辑：王思源  李　顺

出版：中国林业出版社（100009 北京西城区德内大街刘海胡同 7 号）
网站：http://www.forestry.gov.cn/lycb.html
印刷：北京博海升彩色印刷有限公司
发行：中国林业出版社
电话：（010）8314 3573
版次：2021 年 1 月第 1 版
印次：2021 年 1 月第 1 次
开本：1/16
印张：15.25
字数：100 千字
定价：398.00 元

## 《大洋洲木材图鉴》编写组

编 著：

袁绯玼　姚若灵　孙书冬　罗　炘

编写组成员：

李　强　彭永伦　沈　虹　周　旭
邓泽英　胡艳红　常　进　霍丽平
陈厚兴　郭立敏　邢　博

# 序

FOREWORD

　　森林是陆地生态系统的主体，在维持生态平衡、保护生态环境方面起着关键的作用。森林与我们的生活息息相关，对社会发展具有极其重要的意义。虽然近些年我国的森林资源总体上呈现增长的趋势，但我国仍然是一个缺林少绿、生态较脆弱的国家，森林资源总量相对不足且分布不均。随着我国对林木采伐的控制，可用于生产消费的木材量骤然降低，而我国现代化建设速度的加快和人民生活水平的提高，又导致国内对木材的需求量急速增大，因此，我国只能通过进口木材的方式来解决木材供不应求的困境，进口种类和进口数量也在日益增强的木材需求中不断增加。

　　目前，大洋洲是我国进口木材的主要来源地区。其中巴布亚新几内亚凭借丰富的森林资源，已成为世界热带木材第二大出口国，也是我国原木进口的最大来源国之一。大洋洲森林资源丰富，树木种类众多，绝大多数为深色名贵阔叶树材，并存在相当一部分的独有树种，然而国内现有研究资料匮乏，缺少系统完善的大洋洲木材识别参考资料。

　　北京市产品质量监督检验院（国家家具及室内环境质量监督检验中心）木材标本馆是目前国内拥有大洋洲木材标本数量最多的标本馆。该书著者长期从事木材鉴定工作，具有丰富的木材识别经验，并依托大洋洲木材标本，发挥自身优势，通过查阅国内外文献资料、切片、拍照与撰写等一系列工作，最终形成了《大洋洲木材图鉴》这本专著，旨在帮助本行业从业人员系统地认识大洋洲木材树种，充分合理地利用木材资源，有利于木材贸易的顺利进行，促进木材行业健康有序的发展。

　　该专著以图谱形式编纂，共收录了大洋洲地区427种优质商品材，隶属于69科208属。内容主要由木材的宏观及微观构造照片构成，图文并茂、科学实用，便于查阅。本书全面地展示了各树种的识别特征，同时附有索引，方便读者阅读检索。

　　该专著首次对大洋洲的木材进行了系统梳理，填补了我国对大洋洲木材认识的空白，可供木材贸易、木材加工利用、出入境检验检疫、海关、检测机构、高校及科研院所的相关人员学习与参考使用，是人们识别大洋洲木材必不可少的工具书，相信该专著的出版将对我国进口木材的利用与研究具有重要的推动作用。

中国林业科学研究院研究员

2020 年 11 月

# 前　言

　　根据全国第九次森林资源清查结果，我国森林面积 22044.62 万 $hm^2$，森林覆盖率 22.96%。全国活立木总蓄积 190.07 亿 $m^3$，森林蓄积 175.60 亿 $m^3$。我国森林资源总量位居世界前列，森林面积位居世界第 5 位，森林蓄积位居世界第 6 位。人工林面积位居世界首位。虽然近几次的森林资源清查结果显示，我国的森林资源总体上呈现增长的趋势，但与其他国家相比，我国仍然是一个缺林少绿、生态脆弱的国家，森林覆盖率远低于全球的平均水平，森林资源总量相对不足、分布不均的状况仍未得到根本改变。尤其自推行了天然林保护工程以来，林木采伐消耗量下降，木材产量骤然减少，可用于生产消费的木材量减少了近 62%。然而随着我国城市化进程的加快，对木材的利用也在不断增多，木材加工产品产量的增加导致国内对木材的需求量急速增大。综合种种因素，我国只能通过进口木材的方式来解决木材可用量不足的困境，进口种类和进口数量也在日益增强的木材需求中不断增加。

　　资料显示，2018 年我国原木进口数量前 5 位的国家分别是新西兰、俄罗斯、美国、澳大利亚和巴布亚新几内亚，大洋洲国家占据三席，其中巴布亚新几内亚进口量 350.48 万 $m^3$，同比增长 21.62%，增长速度位列五国之首；新西兰进口量同比增长 20.99%，紧追其后。由此可见，大洋洲是我国进口木材的主要来源地区之一，其中巴布亚新几内亚是我国原木进口的最大来源地，也是我国最大的海运木材来源地，其出口总量的 86% 都运至我国。巴布亚新几内亚凭借丰富的森林资源，目前已成为世界热带木材第二大出口国。大洋洲生长的树种较多，绝大多数为深色名贵阔叶树材，并存在相当一部分的独有树种，然而国内现有资料欠缺，我国木材行业相关人员对大洋洲木材认识不足，因此在涉及与大洋洲的木材贸易时，以假乱真、以次充好问题普遍存在，材种不符已经成为我国进口木材贸易中最常遇见的欺诈手法之一。我国部分进口商因缺乏识别能力并且无当地的木材参考资料，高价购买低档木材，蒙受巨大损失。

　　同时，我国又是世界上最大的木制品出口国，随着美国《雷斯法案》和欧盟"FLEGT 进程行动计划"的纷纷出台，出口商由于缺乏足够的木材识别能力，在报关过程中无法提供正确的进口植物学名，不仅要受到刑事处罚，而且还帮助了美、欧等国家通过技术性贸易壁垒最终实现限制进口的目的。因此，开展对大洋洲木材构造的研究迫在眉睫，通过帮助行业内人员正确认识大洋洲木材树种，促进木材贸易顺利进行，保障行业有序发展。

本书首次对大洋洲木材进行了系统的梳理，填补了我国对大洋洲木材认识的空白。全书以图谱形式编著，共收录了大洋洲地区427种优质商品材，隶属于69科208属。内容主要由木材的宏观及微观构造照片构成，图文并茂、科学实用，便于查阅。构造图包括：木材实体宏观图片、木材横切面显微构造图（40倍，生物显微镜拍摄）、木材径切面显微构造图及木材弦切面显微构造图（均为100倍，生物显微镜拍摄），主要表现导管、轴向薄壁组织、射线、穿孔板、管间纹孔式、导管与射线间纹孔式、轴向管胞、射线管胞、交叉场纹孔、螺纹加厚、树脂道（树胶道）、晶体等木材识别特征。全书按照树种拉丁名第一个字母先后排序，每个树种均列出了树种的拉丁名及隶属的科属名称。同时，为了方便读者检索，本书附有拉丁名索引、部分树种中文名索引（按照树种拉丁名第一个字母顺序排列）及科属名称索引（按照科名的拉丁文第一个字母顺序排列）。本书可供木材贸易、木材加工利用、出入境检验检疫、海关、检测机构、高校及科研院所的相关人员参考使用。

在本书稿交付之际，本书作者特向所有参与编辑本书的参编人员表示衷心的感谢。姚若灵先生一贯重视木材科学研究，当闻及此书对行业的发展意义时欣然资助出版，对此深表谢意。

本书是国家市场监督管理总局科技计划项目"巴布亚新几内亚木材构造研究（2016QK007）"课题的部分研究成果。在此出版之际，作者对国家市场监督管理总局科技计划项目的资助表示衷心的感谢。

由于编著者水平有限，错漏之处在所难免，敬请各位读者批评指正。

编著者

2020年11月

# 目录

**序**

**前　言**

大洋洲木材识别图片 ················································ 1~214

大洋洲木材拉丁名索引 ················································ 215~220

大洋洲木材部分树种中文名索引 ········································ 221~226

大洋洲木材科属名索引 ················································ 227~232

拉丁名称：*Acacia auriculiformis*

科属名称：豆科（Leguminosae）相思属

宏观照片

微观照片（横切面）

微观照片（径切面）

微观照片（弦切面）

拉丁名称：*Acalyha caturus*

科属名称：大戟科（Euphorbiaceae）铁苋菜属

宏观照片

微观照片（横切面）

微观照片（径切面）

微观照片（弦切面）

拉丁名称：*Aceratium brassii*
科属名称：杜英科（Elaeocarpaceae）无距杜英属

宏观照片

微观照片（横切面）

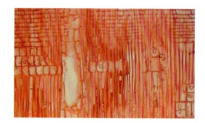
微观照片（径切面）

微观照片（弦切面）

拉丁名称：*Aceratium oppositifolium*
科属名称：杜英科（Elaeocarpaceae）无距杜英属

宏观照片

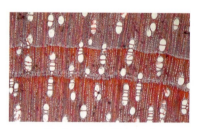
微观照片（横切面）

微观照片（径切面）

微观照片（弦切面）

拉丁名称：*Acronychia murina*
科属名称：芸香科（**Rutaceae**）山油柑属

宏观照片

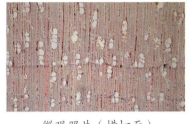

微观照片（横切面）

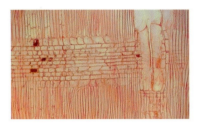

微观照片（径切面）

微观照片（弦切面）

拉丁名称：*Acronychia smithii*
科属名称：芸香科（**Rutaceae**）山油柑属

宏观照片

微观照片（横切面）

微观照片（径切面）

微观照片（弦切面）

拉丁名称：*Actinodaphne nitida*

科属名称：樟科（Lauraceae）黄肉楠属

宏观照片

微观照片（横切面）

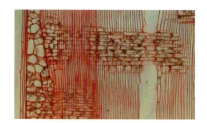

微观照片（径切面）

微观照片（弦切面）

拉丁名称：*Adenanthera novoguineensis*

科属名称：豆科（Leguminosae）孔雀豆属

宏观照片

微观照片（横切面）

微观照片（径切面）

微观照片（弦切面）

拉丁名称：*Adenanthera pavonina*

科属名称：豆科（Leguminosae）孔雀豆属

宏观照片

微观照片（横切面）

微观照片（径切面）

微观照片（弦切面）

拉丁名称：*Aglaia agglomerata*

科属名称：楝科（Meliaceae）米兰属

宏观照片

微观照片（横切面）

微观照片（径切面）

微观照片（弦切面）

拉丁名称：*Aglaia brassii*

科属名称：楝科（Meliaceae）米兰属

宏观照片

微观照片（横切面）

微观照片（径切面）

微观照片（弦切面）

拉丁名称：*Aglaia lawii*

科属名称：楝科（Meliaceae）米兰属

宏观照片

微观照片（横切面）

微观照片（径切面）

微观照片（弦切面）

拉丁名称：*Aglaia sapindina*

科属名称：楝科（Meliaceae）米兰属

宏观照片

微观照片（横切面）

微观照片（径切面）

微观照片（弦切面）

拉丁名称：*Aglaia silvestris*

科属名称：楝科（Meliaceae）米兰属

宏观照片

微观照片（横切面）

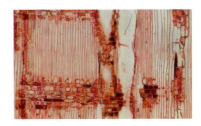

微观照片（径切面）

微观照片（弦切面）

拉丁名称: *Aglaia subcuprea*
科属名称: 楝科（Meliaceae）米兰属

宏观照片

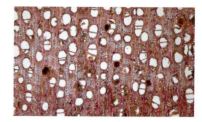
微观照片（横切面）

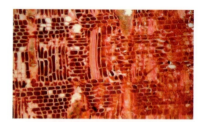
微观照片（径切面）

微观照片（弦切面）

拉丁名称: *Aidia waugia*
科属名称: 茜草科（Rubiaceae）茜树属

宏观照片

微观照片（横切面）

微观照片（径切面）

微观照片（弦切面）

拉丁名称：*Ailanthus integrifolia*

科属名称：苦木科（Simarubaceae）臭椿属

宏观照片

微观照片（横切面）

微观照片（径切面）

微观照片（弦切面）

拉丁名称：*Alangium javanicum*

科属名称：八角枫科（Alangiaceae）八角枫属

宏观照片

微观照片（横切面）

微观照片（径切面）

微观照片（弦切面）

拉丁名称：*Allophylus cobbe*

科属名称：无患子科（Sapindaceae）异木患属

宏观照片

微观照片（横切面）

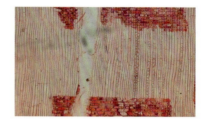
微观照片（径切面）

微观照片（弦切面）

拉丁名称：*Alphitonia ferruginea*

科属名称：鼠李科（Rhamnaceae）麦珠子属

宏观照片

微观照片（横切面）

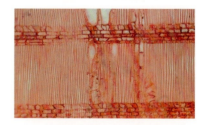
微观照片（径切面）

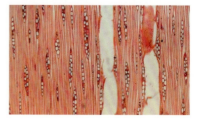
微观照片（弦切面）

拉丁名称：*Alphitonia incana*

科属名称：鼠李科（Rhamnaceae）麦珠子属

宏观照片

微观照片（横切面）

微观照片（径切面）

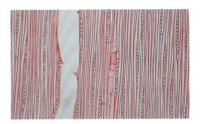

微观照片（弦切面）

拉丁名称：*Alphitonia macrocarpa*

科属名称：鼠李科（Rhamnaceae）麦珠子属

宏观照片

微观照片（横切面）

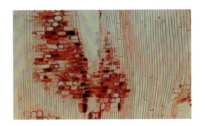

微观照片（径切面）

微观照片（弦切面）

㊉㊙㊎㊚：*Alstonia scholaris*

㊙㊍㊎㊚：夹竹桃科（Apocynaceae）鸡骨常山属

微观照片（横切面）

微观照片（径切面）

微观照片（弦切面）

宏观照片

㊉㊙㊎㊚：*Alstonia spatulata*

㊙㊍㊎㊚：夹竹桃科（Apocynaceae）鸡骨常山属

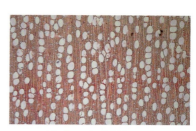
微观照片（横切面）

微观照片（径切面）

微观照片（弦切面）

宏观照片

㊣⬚㊣⬚：*Alstonia spectabilis*
㊣⬚㊣⬚：夹竹桃科（**Apocynaceae**）鸡骨常山属

宏观照片

微观照片（横切面）

微观照片（径切面）

微观照片（弦切面）

㊣⬚㊣⬚：*Anacolosa papuana*
㊣⬚㊣⬚：铁青树科（**Olacaceae**）短小铁青树属

宏观照片

微观照片（横切面）

微观照片（径切面）

微观照片（弦切面）

拉丁名称：*Anisoptera costata*

科属名称：龙脑香科（Dipterocarpaceae）异翅香属

宏观照片

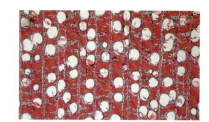

微观照片（横切面）

微观照片（径切面）

微观照片（弦切面）

拉丁名称：*Annesijoa novoguineensis*

科属名称：大戟科（Euphorbiaceae）钝药桐属

宏观照片

微观照片（横切面）

微观照片（径切面）

微观照片（弦切面）

拉丁名称：*Antiaris toxicaria*
科属名称：桑科（Moraceae）箭毒木属

宏观照片

微观照片（横切面）

微观照片（径切面）

微观照片（弦切面）

拉丁名称：*Antidesma excavatum*
科属名称：大戟科（Euphorbiaceae）五月茶属

宏观照片

微观照片（横切面）

微观照片（径切面）

微观照片（弦切面）

拉丁名称：*Antidesma ghaesembilla*

科属名称：大戟科（Euphorbiaceae）五月茶属

宏观照片

微观照片（横切面）

微观照片（径切面）

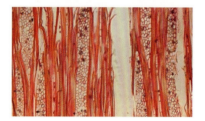

微观照片（弦切面）

拉丁名称：*Antirrhoea megacarpa*

科属名称：茜草科（Rubiaceae）毛茶属

宏观照片

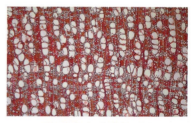

微观照片（横切面）

微观照片（径切面）

微观照片（弦切面）

㊣㊙㊔㊡ : *Aporosa brassii*

㊣㊙㊔㊡ : 大戟科（Euphorbiaceae）银柴属

宏观照片

微观照片（横切面）

微观照片（径切面）

微观照片（弦切面）

㊣㊙㊔㊡ : *Aporosa heterodoxa*

㊣㊙㊔㊡ : 大戟科（Euphorbiaceae）银柴属

宏观照片

微观照片（横切面）

微观照片（径切面）

微观照片（弦切面）

拉丁名称：*Aporosa laxiflora*

科属名称：大戟科（Euphorbiaceae）银柴属

宏观照片

微观照片（横切面）

微观照片（径切面）

微观照片（弦切面）

拉丁名称：*Aporosa papuana*

科属名称：大戟科（Euphorbiaceae）银柴属

宏观照片

微观照片（横切面）

微观照片（径切面）

微观照片（弦切面）

拉丁名称：*Archidendron arborescens*

科属名称：豆科（Leguminosae）颌垂豆属

宏观照片

微观照片（横切面）

微观照片（径切面）

微观照片（弦切面）

拉丁名称：*Archidendron grandiflorum*

科属名称：豆科（Leguminosae）颌垂豆属

宏观照片

微观照片（横切面）

微观照片（径切面）

微观照片（弦切面）

拉丁名称：*Argyrodendron trifoliolatum*

科属名称：梧桐科（Sterculiaceae）银叶树属

宏观照片

微观照片（横切面）

微观照片（径切面）

微观照片（弦切面）

拉丁名称：*Artocarpus vrieseanus var. refractus*

科属名称：桑科（Moraceae）菠萝蜜属

宏观照片

微观照片（横切面）

微观照片（径切面）

微观照片（弦切面）

拉丁名称：*Arytera densiflora*

科属名称：无患子科（Sapindaceae）滨木患属

宏观照片

微观照片（横切面）

微观照片（径切面）

微观照片（弦切面）

拉丁名称：*Arytera divaricata*

科属名称：无患子科（Sapindaceae）滨木患属

宏观照片

微观照片（横切面）

微观照片（径切面）

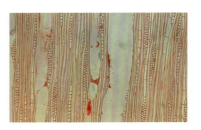

微观照片（弦切面）

拉丁名称：*Arytera littoralis*

科属名称：无患子科（**Sapindaceae**）滨木患属

宏观照片

微观照片（横切面）

微观照片（径切面）

微观照片（弦切面）

拉丁名称：*Astronia atroviridis*

科属名称：野牡丹科（**Melastomaceae**）褐鳞木属

宏观照片

微观照片（横切面）

微观照片（径切面）

微观照片（弦切面）

拉丁名称：*Astronia hollrungii*

科属名称：野牡丹科（Melastomaceae）褐鳞木属

宏观照片

微观照片（横切面）

微观照片（径切面）

微观照片（弦切面）

拉丁名称：*Baccaurea papuana*

科属名称：大戟科（Euphorbiaceae）木奶果属

宏观照片

微观照片（横切面）

微观照片（径切面）

微观照片（弦切面）

拉丁名称：*Barringtonia niedenzuana*

科属名称：玉蕊科（Lecythidaceae）玉蕊属

宏观照片

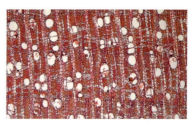

微观照片（横切面）

微观照片（径切面）

微观照片（弦切面）

拉丁名称：*Belliolum gracile*

科属名称：林仙科（Winteraceae）美林仙属

宏观照片

微观照片（横切面）

微观照片（径切面）

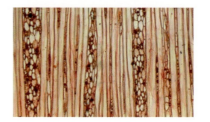

微观照片（弦切面）

拉丁名称：*Berrya javanica*

科属名称：椴树科（**Tiliaceae**）六翅木属

宏观照片

微观照片（横切面）

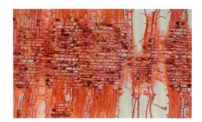

微观照片（径切面）

微观照片（弦切面）

拉丁名称：*Bischofia javanica*

科属名称：大戟科（**Euphorbiaceae**）秋枫属

宏观照片

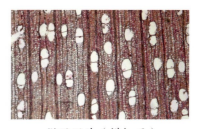

微观照片（横切面）

微观照片（径切面）

微观照片（弦切面）

拉丁名称：*Bombax ceiba*

科属名称：木棉科（Bombacaceae）木棉属

宏观照片

微观照片（横切面）

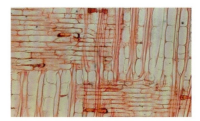

微观照片（径切面）

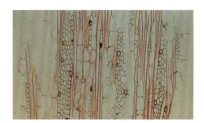

微观照片（弦切面）

拉丁名称：*Brackenridgea forbesii*

科属名称：金莲木科（Ochnaceae）布氏木属

宏观照片

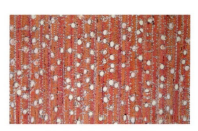

微观照片（横切面）

微观照片（径切面）

微观照片（弦切面）

拉丁名称：*Bruguiera gymnorhiza*
科属名称：红树科（**Rhizophoraceae**）木榄属

宏观照片

微观照片（横切面）

微观照片（径切面）

微观照片（弦切面）

拉丁名称：*Bruguiera parviflora*
科属名称：红树科（**Rhizophoraceae**）木榄属

宏观照片

微观照片（横切面）

微观照片（径切面）

微观照片（弦切面）

拉丁名称：*Bruguiera sexangula*

科属名称：红树科（Rhizophoraceae）木榄属

宏观照片

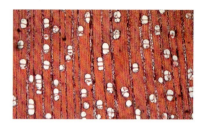

微观照片（横切面）

微观照片（径切面）

微观照片（弦切面）

拉丁名称：*Bruinsmia styracoides*

科属名称：安息香科（Styracaceae）歧序安息香属

宏观照片

微观照片（横切面）

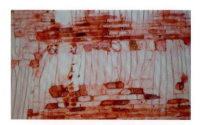

微观照片（径切面）

微观照片（弦切面）

拉丁名称：*Buchanania macrocarpa*
科属名称：漆树科（**Anacardiaceae**）山羡子属

宏观照片

微观照片（横切面）

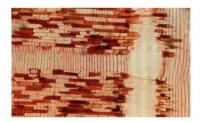

微观照片（径切面）

微观照片（弦切面）

拉丁名称：*Caldcluvia nymanii*
科属名称：火把树科（**Cunoniaceae**）圆锥火把树属

宏观照片

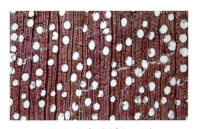

微观照片（横切面）

微观照片（径切面）

微观照片（弦切面）

拉丁名称：*Callicarpa pentandra*

科属名称：唇形科（**Lamiaceae**）紫珠属

宏观照片

微观照片（横切面）

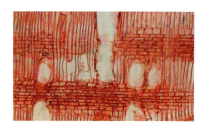

微观照片（径切面）

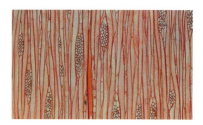

微观照片（弦切面）

拉丁名称：*Calophyllum inophyllum*

科属名称：藤黄科（**Guttiferae**）红厚壳属

宏观照片

微观照片（横切面）

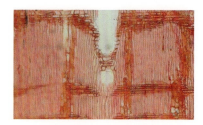

微观照片（径切面）

微观照片（弦切面）

拉丁名称: *Calophyllum papuanum*
科属名称: 藤黄科（Guttiferae）红厚壳属

宏观照片

微观照片（横切面）

微观照片（径切面）

微观照片（弦切面）

拉丁名称: *Calophyllum peekelii*
科属名称: 藤黄科（Guttiferae）红厚壳属

宏观照片

微观照片（横切面）

微观照片（径切面）

微观照片（弦切面）

拉丁名称：*Calophyllum soulattri*

科属名称：藤黄科（Guttiferae）红厚壳属

宏观照片

微观照片（横切面）

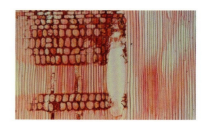

微观照片（径切面）

微观照片（弦切面）

拉丁名称：*Calophyllum warburgii*

科属名称：藤黄科（Guttiferae）红厚壳属

宏观照片

微观照片（横切面）

微观照片（径切面）

微观照片（弦切面）

拉丁名称：*Campnosperma coriaceum*

科属名称：漆树科（Anacardiaceae）坎诺漆属

宏观照片

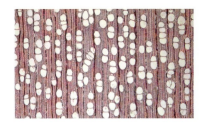

微观照片（横切面）

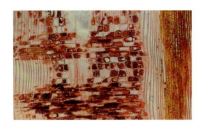

微观照片（径切面）

微观照片（弦切面）

拉丁名称：*Camptostemon schultzii*

科属名称：木棉科（Bombacaceae）曲蕊木棉属

宏观照片

微观照片（横切面）

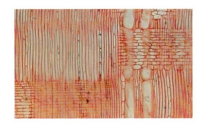

微观照片（径切面）

微观照片（弦切面）

拉丁名称：*Cananga odorata*

科属名称：番荔枝科（Annonaceae）依兰属

宏观照片

微观照片（横切面）

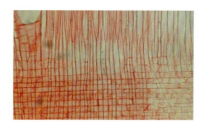

微观照片（径切面）

微观照片（弦切面）

拉丁名称：*Canarium acutifolium*

科属名称：橄榄科（Burseraceae）橄榄属

宏观照片

微观照片（横切面）

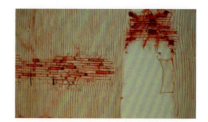

微观照片（径切面）

微观照片（弦切面）

拉丁名称：*Canarium asperum*
科属名称：橄榄科（Burseraceae）橄榄属

宏观照片

微观照片（横切面）

微观照片（径切面）

微观照片（弦切面）

拉丁名称：*Canarium indicum*
科属名称：橄榄科（Burseraceae）橄榄属

宏观照片

微观照片（横切面）

微观照片（径切面）

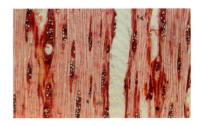
微观照片（弦切面）

⑰⑪㊋ : *Canarium macadamii*
㊚㊙㊋ : 橄榄科（Burseraceae）橄榄属

宏观照片

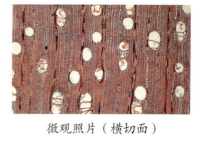
微观照片（横切面）

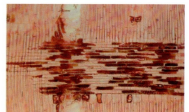
微观照片（径切面）

微观照片（弦切面）

⑰⑪㊋ : *Canarium maluense*
㊚㊙㊋ : 橄榄科（Burseraceae）橄榄属

宏观照片

微观照片（横切面）

微观照片（径切面）

微观照片（弦切面）

拉丁名称：*Canarium oleosum*

科属名称：橄榄科（**Burseraceae**）橄榄属

宏观照片

微观照片（横切面）

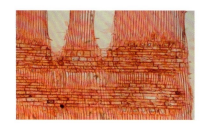

微观照片（径切面）

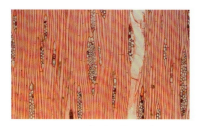

微观照片（弦切面）

拉丁名称：*Canarium vitiense*

科属名称：橄榄科（**Burseraceae**）橄榄属

宏观照片

微观照片（横切面）

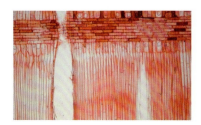

微观照片（径切面）

微观照片（弦切面）

拉丁名称：*Carallia brachiata*

科属名称：红树科（Rhizophoraceae）竹节木属

宏观照片

微观照片（横切面）

微观照片（径切面）

微观照片（弦切面）

拉丁名称：*Casearia grewiifolia*

科属名称：大风子科（Flacourtiaceae）嘉赐树属

宏观照片

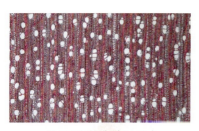
微观照片（横切面）

微观照片（径切面）

微观照片（弦切面）

拉丁名称：*Casearia pachyphylla*

科属名称：大风子科（**Flacourtiaceae**）嘉赐树属

宏观照片

微观照片（横切面）

微观照片（径切面）

微观照片（弦切面）

拉丁名称：*Castanopsis acuminatissima*

科属名称：壳斗科（**Fagaceae**）锥木属

宏观照片

微观照片（横切面）

微观照片（径切面）

微观照片（弦切面）

㊣㊣㊣：*Casuarina equisetifolia*
㊣㊣㊣：木麻黄科（Casuarinaceae）木麻黄属

宏观照片

微观照片（横切面）

微观照片（径切面）

微观照片（弦切面）

㊣㊣㊣：*Celtis latifolia*
㊣㊣㊣：榆科（Ulmaceae）朴树属

宏观照片

微观照片（横切面）

微观照片（径切面）

微观照片（弦切面）

拉丁名称：*Celtis philippensis*

科属名称：榆科（**Ulmaceae**）朴树属

宏观照片

微观照片（横切面）

微观照片（径切面）

微观照片（弦切面）

拉丁名称：*Ceratopetalum succirubrum*

科属名称：火把树科（**Cunoniaceae**）角瓣木属

宏观照片

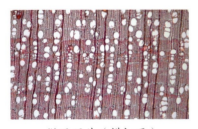

微观照片（横切面）

微观照片（径切面）

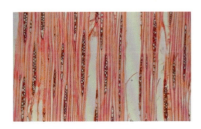

微观照片（弦切面）

拉丁名称：*Cerbera floribunda*

科属名称：夹竹桃科（Apocynaceae）海杧果属

宏观照片

微观照片（横切面）

微观照片（径切面）

微观照片（弦切面）

拉丁名称：*Chionanthus brassii*

科属名称：木犀科（Oleaceae）流苏树属

宏观照片

微观照片（横切面）

微观照片（径切面）

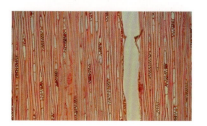

微观照片（弦切面）

拉丁名称：*Chionanthus novoguineensis*

科属名称：木犀科（**Oleaceae**）流苏树属

宏观照片

微观照片（横切面）

微观照片（径切面）

微观照片（弦切面）

拉丁名称：*Chisocheton cumingianus*

科属名称：楝科（**Meliaceae**）溪沙属

宏观照片

微观照片（横切面）

微观照片（径切面）

微观照片（弦切面）

/43

拉丁名称：*Chisocheton lasiocarpus*
科属名称：楝科（Meliaceae）溪沙属

宏观照片

微观照片（横切面）

微观照片（径切面）

微观照片（弦切面）

拉丁名称：*Choriceras tricorne*
科属名称：大戟科（Euphorbiaceae）分角大戟属

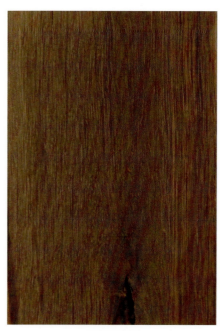
宏观照片

微观照片（横切面）

微观照片（径切面）

微观照片（弦切面）

拉丁名称：*Chrysophyllum roxburghii*

科属名称：山榄科（**Sapotaceae**）金叶树属

宏观照片

微观照片（横切面）

微观照片（径切面）

微观照片（弦切面）

拉丁名称：*Citronella suaveolens*

科属名称：茶茱萸科（**Icacinaceae**）橘茱萸属

宏观照片

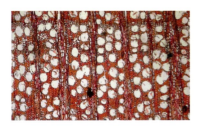

微观照片（横切面）

微观照片（径切面）

微观照片（弦切面）

拉丁名称：*Claoxylon carolinianum*

科属名称：大戟科（Euphorbiaceae）白桐树属

宏观照片

微观照片（横切面）

微观照片（径切面）

微观照片（弦切面）

拉丁名称：*Claoxylon coriaceolanatum*

科属名称：大戟科（Euphorbiaceae）白桐树属

宏观照片

微观照片（横切面）

微观照片（径切面）

微观照片（弦切面）

拉丁名称：*Claoxylon muscisilvae*

科属名称：大戟科（Euphorbiaceae）白桐树属

宏观照片

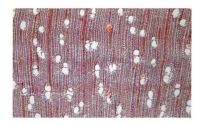

微观照片（横切面）

微观照片（径切面）

微观照片（弦切面）

拉丁名称：*Cleistanthus insignis*

科属名称：大戟科（Euphorbiaceae）闭花木属

宏观照片

微观照片（横切面）

微观照片（径切面）

微观照片（弦切面）

拉丁名称：*Clerodendrum buruanum*
科属名称：唇形科（Lamiaceae）大青属

宏观照片

微观照片（横切面）

微观照片（径切面）

微观照片（弦切面）

拉丁名称：*Cnesmocarpon dasyantha*
科属名称：无患子科（Sapindaceae）锉果藤属

宏观照片

微观照片（横切面）

微观照片（径切面）

微观照片（弦切面）

拉丁名称：*Commersonia bartramia*

科属名称：梧桐科（Sterculiaceae）山麻树属

宏观照片

微观照片（横切面）

微观照片（径切面）

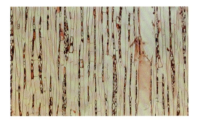

微观照片（弦切面）

拉丁名称：*Conandrium polyanthum*

科属名称：紫金牛科（Myrsinaceae）锥蕊紫金牛属

宏观照片

微观照片（横切面）

微观照片（径切面）

微观照片（弦切面）

拉丁名称：*Cordia dichotoma*

科属名称：紫草科（Boraginaceae）破布木属

宏观照片

微观照片（横切面）

微观照片（径切面）

微观照片（弦切面）

拉丁名称：*Cordia subcordata*

科属名称：紫草科（Boraginaceae）破布木属

宏观照片

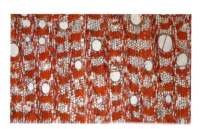

微观照片（横切面）

微观照片（径切面）

微观照片（弦切面）

拉丁名称：*Croton wassi-kussae*

科属名称：大戟科（Euphorbiaceae）巴豆属

宏观照片

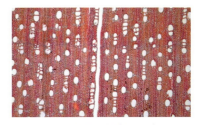

微观照片（横切面）

微观照片（径切面）

微观照片（弦切面）

拉丁名称：*Croton womersleyi*

科属名称：大戟科（Euphorbiaceae）巴豆属

宏观照片

微观照片（横切面）

微观照片（径切面）

微观照片（弦切面）

拉丁名称：*Crudia papuana*

科属名称：豆科（Leguminosae）库地苏木属

宏观照片

微观照片（横切面）

微观照片（径切面）

微观照片（弦切面）

拉丁名称：*Cryptocarya alleniana*

科属名称：樟科（Lauraceae）厚壳桂属

宏观照片

微观照片（横切面）

微观照片（径切面）

微观照片（弦切面）

拉丁名称：*Cryptocarya fagifolia*

科属名称：樟科（Lauraceae）厚壳桂属

宏观照片

微观照片（横切面）

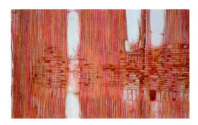

微观照片（径切面）

微观照片（弦切面）

拉丁名称：*Cryptocarya graebneriana*

科属名称：樟科（Lauraceae）厚壳桂属

宏观照片

微观照片（横切面）

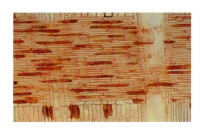

微观照片（径切面）

微观照片（弦切面）

拉丁名称：*Cryptocarya idenburgensis*
科属名称：樟科（Lauraceae）厚壳桂属

宏观照片

微观照片（横切面）

微观照片（径切面）

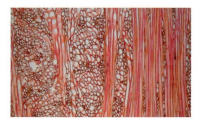

微观照片（弦切面）

拉丁名称：*Cryptocarya invasiorum*
科属名称：樟科（Lauraceae）厚壳桂属

宏观照片

微观照片（横切面）

微观照片（径切面）

微观照片（弦切面）

拉丁名称：*Cryptocarya ledermannii*

科属名称：樟科（Lauraceae）厚壳桂属

宏观照片

微观照片（横切面）

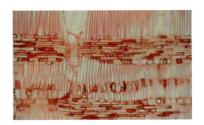

微观照片（径切面）

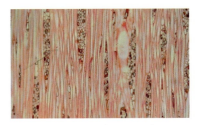

微观照片（弦切面）

拉丁名称：*Cryptocarya longipetiolata*

科属名称：樟科（Lauraceae）厚壳桂属

宏观照片

微观照片（横切面）

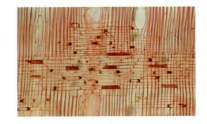

微观照片（径切面）

微观照片（弦切面）

拉丁名称：*Cryptocarya massoy*
科属名称：樟科（Lauraceae）厚壳桂属

宏观照片

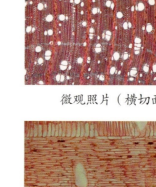

微观照片（横切面）

微观照片（径切面）

微观照片（弦切面）

拉丁名称：*Cryptocarya multinervis*
科属名称：樟科（Lauraceae）厚壳桂属

宏观照片

微观照片（横切面）

微观照片（径切面）

微观照片（弦切面）

拉丁名称：*Cryptocarya multipaniculata*

科属名称：樟科（Lauraceae）厚壳桂属

宏观照片

微观照片（横切面）

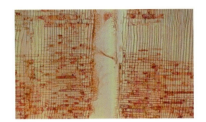

微观照片（径切面）

微观照片（弦切面）

拉丁名称：*Cryptocarya umbonata*

科属名称：樟科（Lauraceae）厚壳桂属

宏观照片

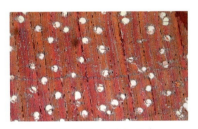

微观照片（横切面）

微观照片（径切面）

微观照片（弦切面）

拉丁名称：*Cyathocalyx polycarpa*

科属名称：番荔枝科（Annonaceae）杯萼木属

宏观照片

微观照片（横切面）

微观照片（径切面）

微观照片（弦切面）

拉丁名称：*Decaspermum fruticosum*

科属名称：桃金娘科（Myrtaceae）子楝树属

宏观照片

微观照片（横切面）

微观照片（径切面）

微观照片（弦切面）

拉丁名称：*Deplanchea tetraphylla*

科属名称：紫葳科（**Bignoniaceae**）金盖树属

宏观照片

微观照片（横切面）

微观照片（径切面）

微观照片（弦切面）

拉丁名称：*Derris indica*

科属名称：豆科（**Leguminosae**）鱼藤属

宏观照片

微观照片（横切面）

微观照片（径切面）

微观照片（弦切面）

拉丁名称：*Dillenia castaneifolia*

科属名称：五桠果科（Dilleniaceae）五桠果属

宏观照片

微观照片（横切面）

微观照片（径切面）

微观照片（弦切面）

拉丁名称：*Dillenia ingens*

科属名称：五桠果科（Dilleniaceae）五桠果属

宏观照片

微观照片（横切面）

微观照片（径切面）

微观照片（弦切面）

拉丁名称：*Dillenia montana*

科属名称：五桠果科（**Dilleniaceae**）五桠果属

宏观照片

微观照片（横切面）

微观照片（径切面）

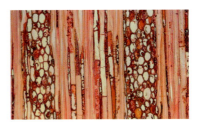

微观照片（弦切面）

拉丁名称：*Dillenia papuana*

科属名称：五桠果科（**Dilleniaceae**）五桠果属

宏观照片

微观照片（横切面）

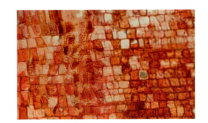

微观照片（径切面）

微观照片（弦切面）

拉丁名称：*Diospyros hebecarpa*

科属名称：柿树科（Ebenaceae）柿树属

宏观照片

微观照片（横切面）

微观照片（径切面）

微观照片（弦切面）

拉丁名称：*Diospyros papuana*

科属名称：柿树科（Ebenaceae）柿树属

宏观照片

微观照片（横切面）

微观照片（径切面）

微观照片（弦切面）

拉丁名称: *Diospyros peekelii*

科属名称: 柿树科（Ebenaceae）柿树属

宏观照片

微观照片（横切面）

微观照片（径切面）

微观照片（弦切面）

拉丁名称: *Dodonaea viscosa*

科属名称: 无患子科（Sapindaceae）车桑子属

宏观照片

微观照片（横切面）

微观照片（径切面）

微观照片（弦切面）

拉丁名称：*Dolichandrone spathacea*

科属名称：紫葳科（**Bignoniaceae**）猫尾木属

宏观照片

微观照片（横切面）

微观照片（径切面）

微观照片（弦切面）

拉丁名称：*Dolicholobium acuminatum*

科属名称：茜草科（**Rubiaceae**）滨茉莉属

宏观照片

微观照片（横切面）

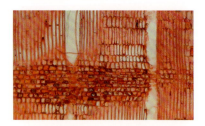

微观照片（径切面）

微观照片（弦切面）

拉丁名称：*Dracontomelon dao*
科属名称：漆树科（Anacardiaceae）人面子属

宏观照片

微观照片（横切面）

微观照片（径切面）

微观照片（弦切面）

拉丁名称：*Drimys piperita*
科属名称：林仙科（Winteraceae）林仙属

宏观照片

微观照片（横切面）

微观照片（径切面）

微观照片（弦切面）

拉丁名称：*Drypetes lasiogynoides*
科属名称：大戟科（Euphorbiaceae）核果木属

宏观照片

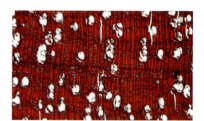
微观照片（横切面）

微观照片（径切面）

微观照片（弦切面）

拉丁名称：*Drypetes longifolia*
科属名称：大戟科（Euphorbiaceae）核果木属

宏观照片

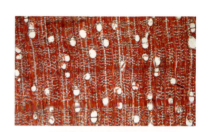
微观照片（横切面）

微观照片（径切面）

微观照片（弦切面）

拉丁名称：*Duabanga moluccana*

科属名称：千屈菜科（**Lythraceae**）八宝树属

宏观照片

微观照片（横切面）

微观照片（径切面）

微观照片（弦切面）

拉丁名称：*Dysoxylum arborescens*

科属名称：楝科（**Meliaceae**）樫木属

宏观照片

微观照片（横切面）

微观照片（径切面）

微观照片（弦切面）

拉丁名称：*Dysoxylum gaudichaudianum*
科属名称：楝科（**Meliaceae**）樫木属

宏观照片

微观照片（横切面）

微观照片（径切面）

微观照片（弦切面）

拉丁名称：*Dysoxylum mollissimum subsp. molle*
科属名称：楝科（**Meliaceae**）樫木属

宏观照片

微观照片（横切面）

微观照片（径切面）

微观照片（弦切面）

拉丁名称：*Dysoxylum parasiticum*
科属名称：楝科（Meliaceae）樫木属

宏观照片

微观照片（横切面）

微观照片（径切面）

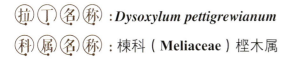
微观照片（弦切面）

拉丁名称：*Dysoxylum pettigrewianum*
科属名称：楝科（Meliaceae）樫木属

宏观照片

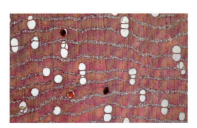
微观照片（横切面）

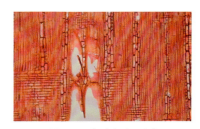
微观照片（径切面）

微观照片（弦切面）

拉丁名称：*Elaeocarpus arnhemicus*
科属名称：杜英科（Elaeocarpaceae）杜英属

宏观照片

微观照片（横切面）

微观照片（径切面）

微观照片（弦切面）

拉丁名称：*Elaeocarpus dolichodactylus*
科属名称：杜英科（Elaeocarpaceae）杜英属

宏观照片

微观照片（横切面）

微观照片（径切面）

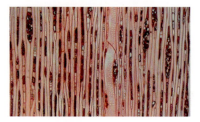
微观照片（弦切面）

拉丁名称：*Elaeocarpus floridanus*

科属名称：杜英科（Elaeocarpaceae）杜英属

宏观照片

微观照片（横切面）

微观照片（径切面）

微观照片（弦切面）

拉丁名称：*Elaeocarpus fuscoides*

科属名称：杜英科（Elaeocarpaceae）杜英属

宏观照片

微观照片（横切面）

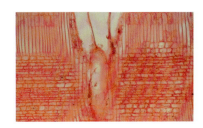

微观照片（径切面）

微观照片（弦切面）

拉丁名称：*Elaeocarpus miegei*
科属名称：杜英科（Elaeocarpaceae）杜英属

宏观照片

微观照片（横切面）

微观照片（径切面）

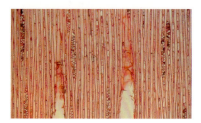
微观照片（弦切面）

拉丁名称：*Elaeocarpus polydactylus*
科属名称：杜英科（Elaeocarpaceae）杜英属

宏观照片

微观照片（横切面）

微观照片（径切面）

微观照片（弦切面）

⒧⒟⒡⒬ : *Elaeocarpus schlechterianus*
⒮⒤⒡⒬ : 杜英科（Elaeocarpaceae）杜英属

宏观照片

微观照片（横切面）

微观照片（径切面）

微观照片（弦切面）

⒧⒟⒡⒬ : *Elaeocarpus sericoloides*
⒮⒤⒡⒬ : 杜英科（Elaeocarpaceae）杜英属

宏观照片

微观照片（横切面）

微观照片（径切面）

微观照片（弦切面）

拉丁名称：*Elaeocarpus sphaericus*
科属名称：杜英科（Elaeocarpaceae）杜英属

宏观照片

微观照片（横切面）

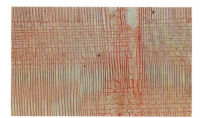
微观照片（径切面）

微观照片（弦切面）

拉丁名称：*Elaeocarpus trichophyllus*
科属名称：杜英科（Elaeocarpaceae）杜英属

宏观照片

微观照片（横切面）

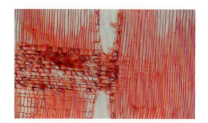
微观照片（径切面）

微观照片（弦切面）

拉丁名称: *Elaeocarpus undulatus*
科属名称: 杜英科（Elaeocarpaceae）杜英属

宏观照片

微观照片（横切面）

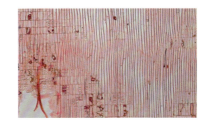

微观照片（径切面）

微观照片（弦切面）

拉丁名称: *Elaeocarpus womersleyi*
科属名称: 杜英科（Elaeocarpaceae）杜英属

宏观照片

微观照片（横切面）

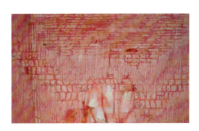

微观照片（径切面）

微观照片（弦切面）

拉丁名称：*Emmenosperma alphitonoides*
科属名称：鼠李科（Rhamnaceae）细革果属

宏观照片

微观照片（横切面）

微观照片（径切面）

微观照片（弦切面）

拉丁名称：*Endiandra flavinervis*
科属名称：樟科（Lauraceae）土楠属

宏观照片

微观照片（横切面）

微观照片（径切面）

微观照片（弦切面）

拉丁名称：*Endiandra forbesii*

科属名称：樟科（Lauraceae）土楠属

宏观照片

微观照片（横切面）

微观照片（径切面）

微观照片（弦切面）

拉丁名称：*Endiandra latifolia*

科属名称：樟科（Lauraceae）土楠属

宏观照片

微观照片（横切面）

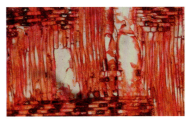

微观照片（径切面）

微观照片（弦切面）

拉丁名称：*Endiandra whitmorei*

科属名称：樟科（Lauraceae）土楠属

宏观照片

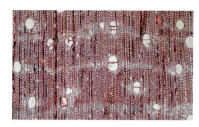

微观照片（横切面）

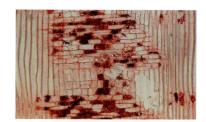

微观照片（径切面）

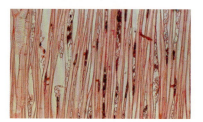

微观照片（弦切面）

拉丁名称：*Erythrina merrilliana*

科属名称：豆科（Leguminosae）刺桐属

宏观照片

微观照片（横切面）

微观照片（径切面）

微观照片（弦切面）

⑭⑪⑭⑭ : *Eucalyptopsis papuana*
⑭⑭⑭⑭ : 桃金娘科（**Myrtaceae**）桉属

宏观照片

微观照片（横切面）

微观照片（径切面）

微观照片（弦切面）

⑭⑪⑭⑭ : *Eucalyptus deglupta*
⑭⑭⑭⑭ : 桃金娘科（**Myrtaceae**）桉属

宏观照片

微观照片（横切面）

微观照片（径切面）

微观照片（弦切面）

⑰⑪⑧⑪ : *Eucalyptus tereticornis*

⑪⑪⑧⑪ : 桃金娘科（Myrtaceae）桉属

宏观照片

微观照片（横切面）

微观照片（径切面）

微观照片（弦切面）

⑰⑪⑧⑪ : *Euroschinus papuanus*

⑪⑪⑧⑪ : 漆树科（Anacardiaceae）条纹漆属

宏观照片

微观照片（横切面）

微观照片（径切面）

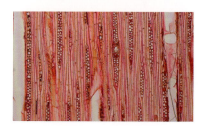

微观照片（弦切面）

拉丁名称：*Fagraea berteroana*
科属名称：马钱科（**Loganiaceae**）灰莉属

宏观照片

微观照片（横切面）

微观照片（径切面）

微观照片（弦切面）

拉丁名称：*Fagraea gracilipes*
科属名称：马钱科（**Loganiaceae**）灰莉属

宏观照片

微观照片（横切面）

微观照片（径切面）

微观照片（弦切面）

拉丁名称：*Fagraea racemosa*

科属名称：马钱科（Loganiaceae）灰莉属

宏观照片

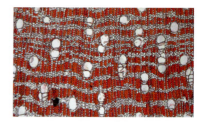

微观照片（横切面）

微观照片（径切面）

微观照片（弦切面）

拉丁名称：*Ficus botryocarpa*

科属名称：桑科（Moraceae）榕树属

宏观照片

微观照片（横切面）

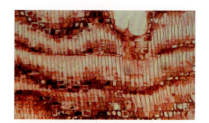

微观照片（径切面）

微观照片（弦切面）

拉丁名称：*Ficus calopilina*

科属名称：桑科（Moraceae）榕树属

宏观照片

微观照片（横切面）

微观照片（径切面）

微观照片（弦切面）

拉丁名称：*Ficus erythrosperma*

科属名称：桑科（Moraceae）榕树属

宏观照片

微观照片（横切面）

微观照片（径切面）

微观照片（弦切面）

拉丁名称：*Ficus gul*
科属名称：桑科（Moraceae）榕树属

宏观照片

微观照片（横切面）

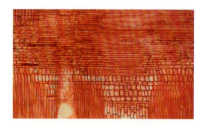
微观照片（径切面）

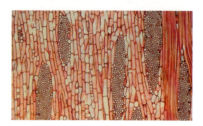
微观照片（弦切面）

拉丁名称：*Ficus melinocarpa*
科属名称：桑科（Moraceae）榕树属

宏观照片

微观照片（横切面）

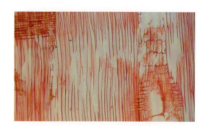
微观照片（径切面）

微观照片（弦切面）

拉丁名称: *Ficus pseudojaca*
科属名称: 桑科（Moraceae）榕树属

宏观照片

微观照片（横切面）

微观照片（径切面）

微观照片（弦切面）

拉丁名称: *Ficus trachypison*
科属名称: 桑科（Moraceae）榕树属

宏观照片

微观照片（横切面）

微观照片（径切面）

微观照片（弦切面）

拉丁名称：*Ficus trichocerasa*

科属名称：桑科（Moraceae）榕树属

宏观照片

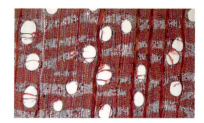

微观照片（横切面）

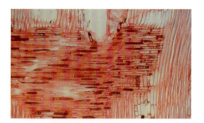

微观照片（径切面）

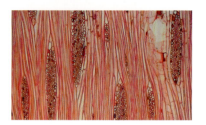

微观照片（弦切面）

拉丁名称：*Ficus variegata*

科属名称：桑科（Moraceae）榕树属

宏观照片

微观照片（横切面）

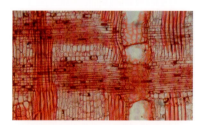

微观照片（径切面）

微观照片（弦切面）

拉丁名称：*Ficus virgata*

科属名称：桑科（Moraceae）榕树属

宏观照片

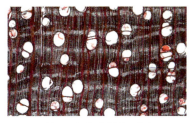

微观照片（横切面）

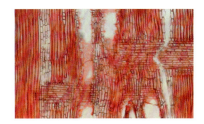

微观照片（径切面）

微观照片（弦切面）

拉丁名称：*Ficus wassa*

科属名称：桑科（Moraceae）榕树属

宏观照片

微观照片（横切面）

微观照片（径切面）

微观照片（弦切面）

拉丁名称：*Finschia chloroxantha*

科属名称：山龙眼科（**Proteaceae**）核果银桦属

宏观照片

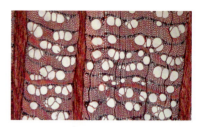

微观照片（横切面）

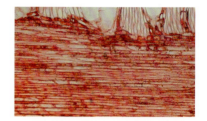

微观照片（径切面）

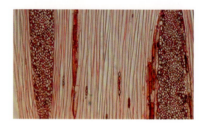

微观照片（弦切面）

拉丁名称：*Firmiana papuana*

科属名称：梧桐科（**Sterculiaceae**）梧桐属

宏观照片

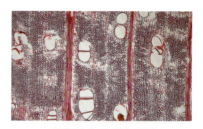

微观照片（横切面）

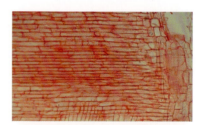

微观照片（径切面）

微观照片（弦切面）

拉丁名称：*Flindersia amboinensis*

科属名称：芸香科（Rutaceae）巨盘木属

宏观照片

微观照片（横切面）

微观照片（径切面）

微观照片（弦切面）

拉丁名称：*Flindersia laevicarpa* var. *heterophylla*

科属名称：芸香科（Rutaceae）巨盘木属

宏观照片

微观照片（横切面）

微观照片（径切面）

微观照片（弦切面）

拉丁名称：*Flindersia pimenteliana*

科属名称：芸香科（**Rutaceae**）巨盘木属

宏观照片

微观照片（横切面）

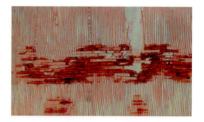

微观照片（径切面）

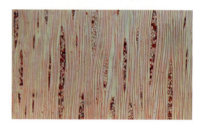

微观照片（弦切面）

拉丁名称：*Galbulimima belgraveana*

科属名称：舌蕊花科（**Himantandraceae**）舌蕊花属

宏观照片

微观照片（横切面）

微观照片（径切面）

微观照片（弦切面）

拉丁名称：*Ganophyllum falcatum*

科属名称：无患子科（Sapindaceae）甘欧属

宏观照片

微观照片（横切面）

微观照片（径切面）

微观照片（弦切面）

拉丁名称：*Garcinia archboldian*

科属名称：藤黄科（Guttiferae）藤黄属

宏观照片

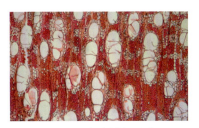

微观照片（横切面）

微观照片（径切面）

微观照片（弦切面）

拉丁名称: *Garcinia dulcis*

科属名称: 藤黄科（Guttiferae）藤黄属

宏观照片

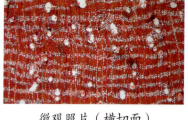

微观照片（横切面）

微观照片（径切面）

微观照片（弦切面）

拉丁名称: *Garcinia hollrungii*

科属名称: 藤黄科（Guttiferae）藤黄属

宏观照片

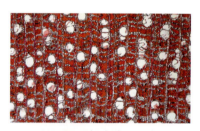

微观照片（横切面）

微观照片（径切面）

微观照片（弦切面）

拉丁名称：*Garcinia hunsteinii*

科属名称：藤黄科（Guttiferae）藤黄属

宏观照片

微观照片（横切面）

微观照片（径切面）

微观照片（弦切面）

拉丁名称：*Garcinia ledermannii*

科属名称：藤黄科（Guttiferae）藤黄属

宏观照片

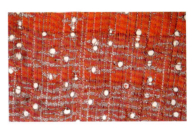

微观照片（横切面）

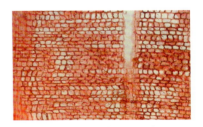

微观照片（径切面）

微观照片（弦切面）

拉丁名称：*Gardenia hansemannii*

科属名称：茜草科（Rubiaceae）栀子属

宏观照片

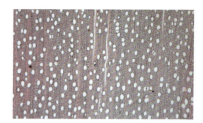

微观照片（横切面）

微观照片（径切面）

微观照片（弦切面）

拉丁名称：*Gardenia lamingtonii*

科属名称：茜草科（Rubiaceae）栀子属

宏观照片

微观照片（横切面）

微观照片（径切面）

微观照片（弦切面）

拉丁名称：*Garuga floribunda*

科属名称：橄榄科（Burseraceae）嘉榄属

宏观照片

微观照片（横切面）

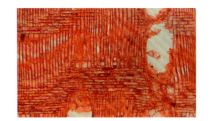

微观照片（径切面）

微观照片（弦切面）

拉丁名称：*Geijera salicifolia*

科属名称：芸香科（Rutaceae）钩瓣常山属

宏观照片

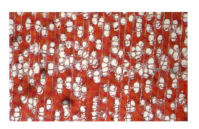

微观照片（横切面）

微观照片（径切面）

微观照片（弦切面）

拉丁名称：*Glochidion macrocarpum*

科属名称：大戟科（Euphorbiaceae）算盘子属

宏观照片

微观照片（横切面）

微观照片（径切面）

微观照片（弦切面）

拉丁名称：*Gmelina lepidota*

科属名称：马鞭草科（Verbenaceae）石梓属

宏观照片

微观照片（横切面）

微观照片（径切面）

微观照片（弦切面）

拉丁名称：*Gmelina macrophylla*
科属名称：马鞭草科（Verbenaceae）石梓属

宏观照片

微观照片（横切面）

微观照片（径切面）

微观照片（弦切面）

拉丁名称：*Gmelina moluccana*
科属名称：马鞭草科（Verbenaceae）石梓属

宏观照片

微观照片（横切面）

微观照片（径切面）

微观照片（弦切面）

拉丁名称：*Gmelina sessilis*
科属名称：马鞭草科（Verbenaceae）石梓属

宏观照片

微观照片（横切面）

微观照片（径切面）

微观照片（弦切面）

拉丁名称：*Gmelina smithii*
科属名称：马鞭草科（Verbenaceae）石梓属

宏观照片

微观照片（横切面）

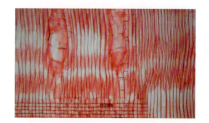

微观照片（径切面）

微观照片（弦切面）

拉丁名称：*Gnetum costatum*
科属名称：买麻藤科（Gnetaceae）买麻藤属

宏观照片

微观照片（横切面）

微观照片（径切面）

微观照片（弦切面）

拉丁名称：*Gnetum gnemon*
科属名称：买麻藤科（Gnetaceae）买麻藤属

宏观照片

微观照片（横切面）

微观照片（径切面）

微观照片（弦切面）

拉丁名称：*Grevillea papuana*

科属名称：山龙眼科（**Proteaceae**）银桦属

宏观照片

微观照片（横切面）

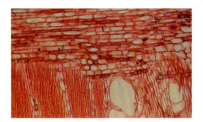

微观照片（径切面）

微观照片（弦切面）

拉丁名称：*Gynotroches axillaris*

科属名称：红树科（**Rhizophoraceae**）谷红树属

宏观照片

微观照片（横切面）

微观照片（径切面）

微观照片（弦切面）

拉丁名称：*Haplolobus floribundus*

科属名称：橄榄科（Burseraceae）宿萼榄属

宏观照片

微观照片（横切面）

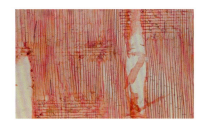

微观照片（径切面）

微观照片（弦切面）

拉丁名称：*Harpullia aeruginosa*

科属名称：无患子科（Sapindaceae）假山萝属

宏观照片

微观照片（横切面）

微观照片（径切面）

微观照片（弦切面）

拉丁名称: *Harpullia leptococca*
科属名称: 无患子科 (Sapindaceae) 假山萝属

宏观照片

微观照片（横切面）

微观照片（径切面）

微观照片（弦切面）

拉丁名称: *Harpullia pedicellaris*
科属名称: 无患子科 (Sapindaceae) 假山萝属

宏观照片

微观照片（横切面）

微观照片（径切面）

微观照片（弦切面）

拉丁名称: *Harpullia thanatophora*

科属名称: 无患子科（Sapindaceae）假山萝属

宏观照片

微观照片（横切面）

微观照片（径切面）

微观照片（弦切面）

拉丁名称: *Harpullia vaga*

科属名称: 无患子科（Sapindaceae）假山萝属

宏观照片

微观照片（横切面）

微观照片（径切面）

微观照片（弦切面）

拉丁名称：*Heritiera novoguineensis*

科属名称：梧桐科（Sterculiaceae）银叶树属

宏观照片

微观照片（横切面）

微观照片（径切面）

微观照片（弦切面）

拉丁名称：*Homalanthus arfakiensis*

科属名称：大戟科（Euphorbiaceae）澳杨属

宏观照片

微观照片（横切面）

微观照片（径切面）

微观照片（弦切面）

拉丁名称：*Homalanthus populneus*

科属名称：大戟科（Euphorbiaceae）澳杨属

宏观照片

微观照片（横切面）

微观照片（径切面）

微观照片（弦切面）

拉丁名称：*Homalium foetidum*

科属名称：大风子科（Flacourtiaceae）天料木属

宏观照片

微观照片（横切面）

微观照片（径切面）

微观照片（弦切面）

⒜⒧⒯⒩⒩⒞: ***Homalium reductum***
⒦⒤⒯⒮⒩⒞: 大风子科（**Flacourtiaceae**）天料木属

宏观照片

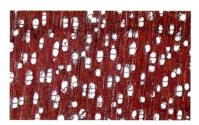

微观照片（横切面）

微观照片（径切面）

微观照片（弦切面）

⒜⒧⒯⒩⒩⒞: ***Hopea forbesii***
⒦⒤⒯⒮⒩⒞: 龙脑香科（**Dipterocarpaceae**）坡垒属

宏观照片

微观照片（横切面）

微观照片（径切面）

微观照片（弦切面）

拉丁名称：*Hopea glabrifolia*

科属名称：龙脑香科（Dipterocarpaceae）坡垒属

宏观照片

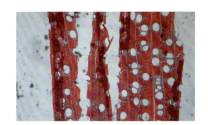

微观照片（横切面）

微观照片（径切面）

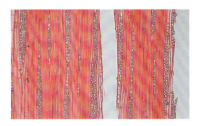

微观照片（弦切面）

拉丁名称：*Hopea iriana*

科属名称：龙脑香科（Dipterocarpaceae）坡垒属

宏观照片

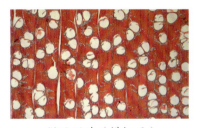

微观照片（横切面）

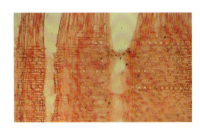

微观照片（径切面）

微观照片（弦切面）

拉丁名称：*Hopea papuana*

科属名称：龙脑香科（**Dipterocarpaceae**）坡垒属

宏观照片

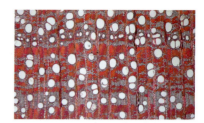

微观照片（横切面）

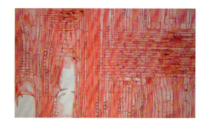

微观照片（径切面）

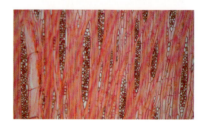

微观照片（弦切面）

拉丁名称：*Horsfieldia polyantha*

科属名称：肉豆蔻科（**Myristicaceae**）风吹楠属

宏观照片

微观照片（横切面）

微观照片（径切面）

微观照片（弦切面）

拉丁名称：*Horsfieldia sylvestris*

科属名称：肉豆蔻科（**Myristicaceae**）风吹楠属

宏观照片

微观照片（横切面）

微观照片（径切面）

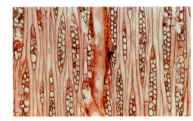

微观照片（弦切面）

拉丁名称：*Ilex cymosa*

科属名称：冬青科（**Aquifoliaceae**）冬青属

宏观照片

微观照片（横切面）

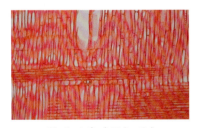

微观照片（径切面）

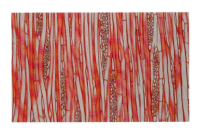

微观照片（弦切面）

拉丁名称：*Ilex havilandii*
科属名称：冬青科（Aquifoliaceae）冬青属

宏观照片

微观照片（横切面）

微观照片（径切面）

微观照片（弦切面）

拉丁名称：*Ilex versteeghii*
科属名称：冬青科（Aquifoliaceae）冬青属

宏观照片

微观照片（横切面）

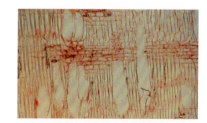
微观照片（径切面）

微观照片（弦切面）

拉丁名称：*Intsia bijuga*

科属名称：豆科（Leguminosae）印茄属

宏观照片

微观照片（横切面）

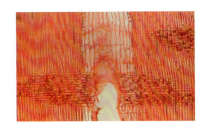

微观照片（径切面）

微观照片（弦切面）

拉丁名称：*Intsia palembanica*

科属名称：豆科（Leguminosae）印茄属

宏观照片

微观照片（横切面）

微观照片（径切面）

微观照片（弦切面）

拉丁名称：*Kleinhovia hospita*

科属名称：梧桐科（Sterculiaceae）鹧鸪麻属

宏观照片

微观照片（横切面）

微观照片（径切面）

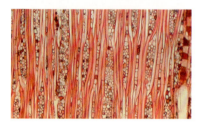

微观照片（弦切面）

拉丁名称：*Leea indica*

科属名称：火筒树科（Leeaceae）火筒树属

宏观照片

微观照片（横切面）

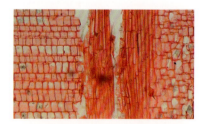

微观照片（径切面）

微观照片（弦切面）

拉丁名称：*Lepiniopsis ternatensis*
科属名称：夹竹桃科（**Apocynaceae**）拟鳞桃木属

宏观照片

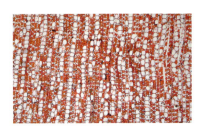
微观照片（横切面）

微观照片（径切面）

微观照片（弦切面）

拉丁名称：*Levieria nitens*
科属名称：玉盘桂科（**Monimiaceae**）折盘桂属

宏观照片

微观照片（横切面）

微观照片（径切面）

微观照片（弦切面）

㊉㊙㊖㊈: *Levieria squarrosa*
㊉㊙㊖㊈: 玉盘桂科（Monimiaceae）折盘桂属

宏观照片

微观照片（横切面）

微观照片（径切面）

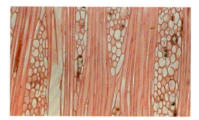

微观照片（弦切面）

㊉㊙㊖㊈: *Ligustrum novoguineensis*
㊉㊙㊖㊈: 木犀科（Oleaceae）女贞属

宏观照片

微观照片（横切面）

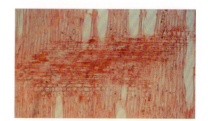

微观照片（径切面）

微观照片（弦切面）

拉丁名称：*Lithocarpus sogerensis*

科属名称：壳斗科（**Fagaceae**）柯木属

宏观照片

微观照片（横切面）

微观照片（径切面）

微观照片（弦切面）

拉丁名称：*Lithocarpus vinkii*

科属名称：壳斗科（**Fagaceae**）柯木属

宏观照片

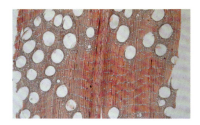

微观照片（横切面）

微观照片（径切面）

微观照片（弦切面）

拉丁名称：*Litsea buinensis*
科属名称：樟科（Lauraceae）木姜子属

宏观照片

微观照片（横切面）

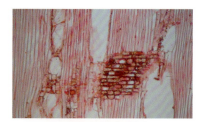
微观照片（径切面）

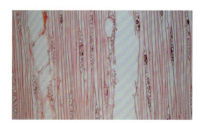
微观照片（弦切面）

拉丁名称：*Litsea collina*
科属名称：樟科（Lauraceae）木姜子属

宏观照片

微观照片（横切面）

微观照片（径切面）

微观照片（弦切面）

拉丁名称：*Litsea domarensis*

科属名称：樟科（Lauraceae）木姜子属

宏观照片

微观照片（横切面）

微观照片（径切面）

微观照片（弦切面）

拉丁名称：*Litsea elliptica*

科属名称：樟科（Lauraceae）木姜子属

宏观照片

微观照片（横切面）

微观照片（径切面）

微观照片（弦切面）

拉丁名称：*Litsea engleriana*

科属名称：樟科（Lauraceae）木姜子属

宏观照片

微观照片（横切面）

微观照片（径切面）

微观照片（弦切面）

拉丁名称：*Litsea exsudens*

科属名称：樟科（Lauraceae）木姜子属

宏观照片

微观照片（横切面）

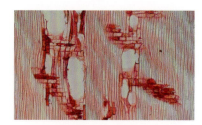

微观照片（径切面）

微观照片（弦切面）

拉丁名称: *Litsea firma*

科属名称: 樟科（Lauraceae）木姜子属

宏观照片

微观照片（横切面）

微观照片（径切面）

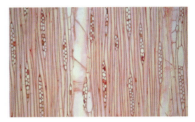

微观照片（弦切面）

拉丁名称: *Litsea globosa*

科属名称: 樟科（Lauraceae）木姜子属

宏观照片

微观照片（横切面）

微观照片（径切面）

微观照片（弦切面）

拉丁名称：*Litsea irianensis*
科属名称：樟科（Lauraceae）木姜子属

宏观照片

微观照片（横切面）

微观照片（径切面）

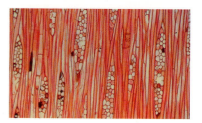

微观照片（弦切面）

拉丁名称：*Litsea perlucida*
科属名称：樟科（Lauraceae）木姜子属

宏观照片

微观照片（横切面）

微观照片（径切面）

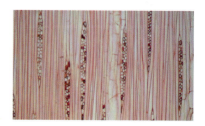

微观照片（弦切面）

⒧⒟⒠⒲ : *Litsea psilophylla*

⒧⒤⒧⒲ : 樟科（Lauraceae）木姜子属

宏观照片

微观照片（横切面）

微观照片（径切面）

微观照片（弦切面）

⒧⒟⒠⒲ : *Litsea timoriana*

⒧⒤⒧⒲ : 樟科（Lauraceae）木姜子属

宏观照片

微观照片（横切面）

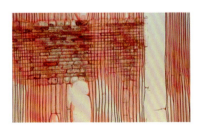

微观照片（径切面）

微观照片（弦切面）

拉丁名称：*Lumnitzera littorea*

科属名称：使君子科（Combretaceae）榄李属

宏观照片

微观照片（横切面）

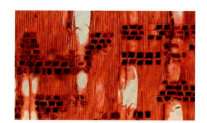

微观照片（径切面）

微观照片（弦切面）

拉丁名称：*Lumnitzera racemosa*

科属名称：使君子科（Combretaceae）榄李属

宏观照片

微观照片（横切面）

微观照片（径切面）

微观照片（弦切面）

拉丁名称：*Lunasia amara*

科属名称：芸香科（**Rutaceae**）月芸香属

宏观照片

微观照片（横切面）

微观照片（径切面）

微观照片（弦切面）

拉丁名称：*Macaranga glaberrima*

科属名称：大戟科（**Euphorbiaceae**）血桐属

宏观照片

微观照片（横切面）

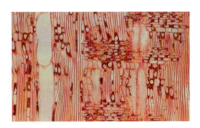

微观照片（径切面）

微观照片（弦切面）

拉丁名称：*Macaranga quadriglandulosa*
科属名称：大戟科（Euphorbiaceae）血桐属

宏观照片

微观照片（横切面）

微观照片（径切面）

微观照片（弦切面）

拉丁名称：*Macaranga tanarius*
科属名称：大戟科（Euphorbiaceae）血桐属

宏观照片

微观照片（横切面）

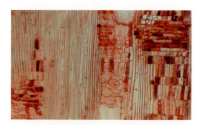
微观照片（径切面）

微观照片（弦切面）

拉丁名称：*Mallotus didymochryseus*

科属名称：大戟科（Euphorbiaceae）野桐属

宏观照片

微观照片（横切面）

微观照片（径切面）

微观照片（弦切面）

拉丁名称：*Mallotus mollissimus*

科属名称：大戟科（Euphorbiaceae）野桐属

宏观照片

微观照片（横切面）

微观照片（径切面）

微观照片（弦切面）

拉丁名称：*Mallotus paniculatus*

科属名称：大戟科（Euphorbiaceae）野桐属

宏观照片

微观照片（横切面）

微观照片（径切面）

微观照片（弦切面）

拉丁名称：*Mallotus trinervius*

科属名称：大戟科（Euphorbiaceae）野桐属

宏观照片

微观照片（横切面）

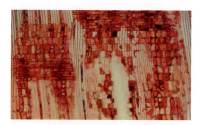

微观照片（径切面）

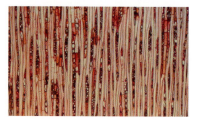

微观照片（弦切面）

拉丁名称：*Mangifera minor*

科属名称：漆树科（Anacardiaceae）杧果属

宏观照片

微观照片（横切面）

微观照片（径切面）

微观照片（弦切面）

拉丁名称：*Mangifera mucronulata*

科属名称：漆树科（Anacardiaceae）杧果属

宏观照片

微观照片（横切面）

微观照片（径切面）

微观照片（弦切面）

拉丁名称：*Maniltoa schefferi*
科属名称：豆科（Leguminosae）马尼尔豆属

宏观照片

微观照片（横切面）

微观照片（径切面）

微观照片（弦切面）

拉丁名称：*Maranthes corymbosa*
科属名称：可可李科（Chrysobalanaceae）菱花属

宏观照片

微观照片（横切面）

微观照片（径切面）

微观照片（弦切面）

拉丁名称：*Mastixiodendron pachyclados*

科属名称：茜草科（**Rubiaceae**）鞭茜草木属

宏观照片

微观照片（横切面）

微观照片（径切面）

微观照片（弦切面）

拉丁名称：*Mastixiodendron smithii*

科属名称：茜草科（**Rubiaceae**）鞭茜草木属

宏观照片

微观照片（横切面）

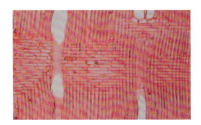

微观照片（径切面）

微观照片（弦切面）

拉丁名称：*Medusanthera laxiflora*
科属名称：茶茱萸科（Icacinaceae）神药茱萸属

宏观照片

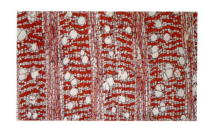
微观照片（横切面）

微观照片（径切面）

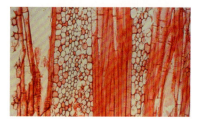
微观照片（弦切面）

拉丁名称：*Melaleuca cajuputi*
科属名称：桃金娘科（Myrtaceae）白千层属

宏观照片

微观照片（横切面）

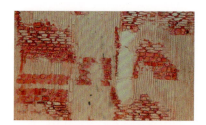
微观照片（径切面）

微观照片（弦切面）

拉丁名称：*Melaleuca leucadendron*

科属名称：桃金娘科（**Myrtaceae**）白千层属

宏观照片

微观照片（横切面）

微观照片（径切面）

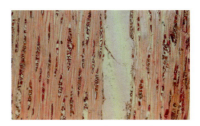

微观照片（弦切面）

拉丁名称：*Melanolepis multiglandulosa*

科属名称：大戟科（**Euphorbiaceae**）墨鳞属

宏观照片

微观照片（横切面）

微观照片（径切面）

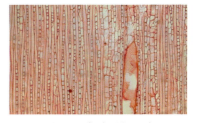

微观照片（弦切面）

🉑🉐🉐🉐：*Melicope elleryana*
🉐🉐🉐🉐：芸香科（Rutaceae）蜜茱萸属

宏观照片

微观照片（横切面）

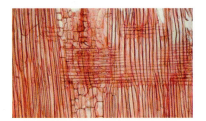

微观照片（径切面）

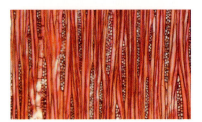

微观照片（弦切面）

🉑🉐🉐🉐：*Melicope latifolia*
🉐🉐🉐🉐：芸香科（Rutaceae）蜜茱萸属

宏观照片

微观照片（横切面）

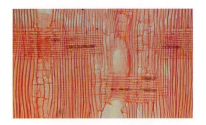

微观照片（径切面）

微观照片（弦切面）

⒜⒯⒩⒜⒨⒠ : *Microcos grandifolia*

⒮⒞⒤⒠⒩⒯ : 椴树科（**Tiliaceae**）破布叶属

宏观照片

微观照片（横切面）

微观照片（径切面）

微观照片（弦切面）

⒜⒯⒩⒜⒨⒠ : *Micromelum minutum*

⒮⒞⒤⒠⒩⒯ : 芸香科（**Rutaceae**）小芸木属

宏观照片

微观照片（横切面）

微观照片（径切面）

微观照片（弦切面）

拉丁名称：*Mischocarpus montanus*
科属名称：无患子科（Sapindaceae）柄果木属

宏观照片

微观照片（横切面）

微观照片（径切面）

微观照片（弦切面）

拉丁名称：*Mitragyna speciosa*
科属名称：茜草科（Rubiaceae）帽柱木属

宏观照片

微观照片（横切面）

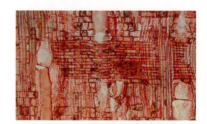
微观照片（径切面）

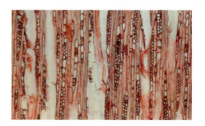
微观照片（弦切面）

⓪⓪⓪⓪ : *Myristica buchneriana*
⓪⓪⓪⓪ : 肉豆蔻科（Myristicaceae）肉豆蔻属

宏观照片

微观照片（横切面）

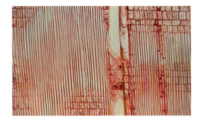

微观照片（径切面）

微观照片（弦切面）

⓪⓪⓪⓪ : *Myristica chrysophylla*
⓪⓪⓪⓪ : 肉豆蔻科（Myristicaceae）肉豆蔻属

宏观照片

微观照片（横切面）

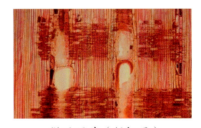

微观照片（径切面）

微观照片（弦切面）

拉丁名称：*Myristica cornutiflora*

科属名称：肉豆蔻科（Myristicaceae）肉豆蔻属

宏观照片

微观照片（横切面）

微观照片（径切面）

微观照片（弦切面）

拉丁名称：*Myristica globosa*

科属名称：肉豆蔻科（Myristicaceae）肉豆蔻属

宏观照片

微观照片（横切面）

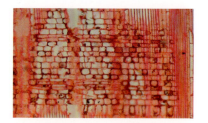

微观照片（径切面）

微观照片（弦切面）

拉丁名称：*Myristica hollrungii*

科属名称：肉豆蔻科（**Myristicaceae**）肉豆蔻属

宏观照片

微观照片（横切面）

微观照片（径切面）

微观照片（弦切面）

拉丁名称：*Myristica longipes*

科属名称：肉豆蔻科（**Myristicaceae**）肉豆蔻属

宏观照片

微观照片（横切面）

微观照片（径切面）

微观照片（弦切面）

拉丁名称：*Myristica sulcata*
科属名称：肉豆蔻科（Myristicaceae）肉豆蔻属

宏观照片

微观照片（横切面）

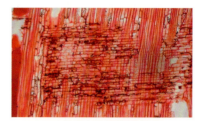

微观照片（径切面）

微观照片（弦切面）

拉丁名称：*Myristica undulatifolia*
科属名称：肉豆蔻科（Myristicaceae）肉豆蔻属

宏观照片

微观照片（横切面）

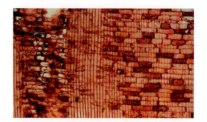

微观照片（径切面）

微观照片（弦切面）

拉丁名称：*Myrsine leucantha*

科属名称：紫金牛科（Myrsinaceae）铁仔属

宏观照片

微观照片（横切面）

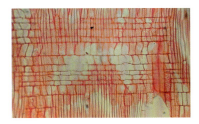

微观照片（径切面）

微观照片（弦切面）

拉丁名称：*Neonauclea chalmersii*

科属名称：茜草科（Rubiaceae）新乌檀属

宏观照片

微观照片（横切面）

微观照片（径切面）

微观照片（弦切面）

拉丁名称：*Neonauclea clemensiae*

科属名称：茜草科（**Rubiaceae**）新乌檀属

宏观照片

微观照片（横切面）

微观照片（径切面）

微观照片（弦切面）

拉丁名称：*Neonauclea forsteri*

科属名称：茜草科（**Rubiaceae**）新乌檀属

宏观照片

微观照片（横切面）

微观照片（径切面）

微观照片（弦切面）

拉丁名称：*Neonauclea hagenii*
科属名称：茜草科（Rubiaceae）新乌檀属

宏观照片

微观照片（横切面）

微观照片（径切面）

微观照片（弦切面）

拉丁名称：*Neonauclea maluensis*
科属名称：茜草科（Rubiaceae）新乌檀属

宏观照片

微观照片（横切面）

微观照片（径切面）

微观照片（弦切面）

拉丁名称：*Neonauclea obversifolia*

科属名称：茜草科（Rubiaceae）新乌檀属

宏观照片

微观照片（横切面）

微观照片（径切面）

微观照片（弦切面）

拉丁名称：*Neonauclea solomonensis*

科属名称：茜草科（Rubiaceae）新乌檀属

宏观照片

微观照片（横切面）

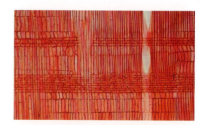

微观照片（径切面）

微观照片（弦切面）

拉丁名称：*Nothofagus flaviramea*

科属名称：壳斗科（Fagaceae）假水青冈属

宏观照片

微观照片（横切面）

微观照片（径切面）

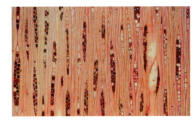

微观照片（弦切面）

拉丁名称：*Nothofagus grandis*

科属名称：壳斗科（Fagaceae）假水青冈属

宏观照片

微观照片（横切面）

微观照片（径切面）

微观照片（弦切面）

拉丁名称：*Nothofagus pullei*
科属名称：壳斗科（Fagaceae）假水青冈属

宏观照片

微观照片（横切面）

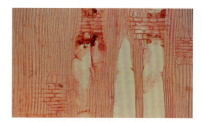
微观照片（径切面）

微观照片（弦切面）

拉丁名称：*Nothofagus resinosa*
科属名称：壳斗科（Fagaceae）假水青冈属

宏观照片

微观照片（横切面）

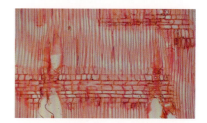
微观照片（径切面）

微观照片（弦切面）

拉丁名称：*Nothofagus rubra*

科属名称：壳斗科（Fagaceae）假水青冈属

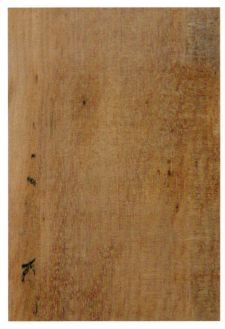

宏观照片

微观照片（横切面）

微观照片（径切面）

微观照片（弦切面）

拉丁名称：*Nothofagus starkenborghii*

科属名称：壳斗科（Fagaceae）假水青冈属

宏观照片

微观照片（横切面）

微观照片（径切面）

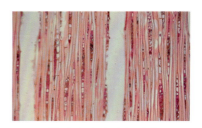

微观照片（弦切面）

🈔丁🈔名🈔称: *Ochrosia glomerata*
🈔科🈔属🈔名🈔称: 夹竹桃科（**Apocynaceae**）玫瑰树属

微观照片（横切面）

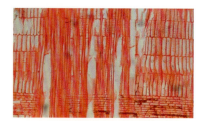
微观照片（径切面）

微观照片（弦切面）

宏观照片

🈔丁🈔名🈔称: *Octomeles sumatrana*
🈔科🈔属🈔名🈔称: 四数木科（**Datiscaceae**）八果木属

微观照片（横切面）

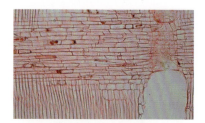
微观照片（径切面）

微观照片（弦切面）

宏观照片

拉丁名称：*Omalanthus populifolius*
科属名称：大戟科（**Euphorbiaceae**）脂心树属

宏观照片

微观照片（横切面）

微观照片（径切面）

微观照片（弦切面）

拉丁名称：*Palaquium amboinense*
科属名称：山榄科（**Sapotaceae**）胶木属

宏观照片

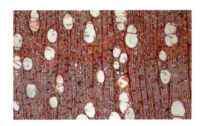
微观照片（横切面）

微观照片（径切面）

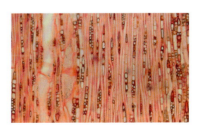
微观照片（弦切面）

拉丁名称：*Palaquium galactoxylum* var. *salomonense*
科属名称：山榄科（Sapotaceae）胶木属

宏观照片

微观照片（横切面）

微观照片（径切面）

微观照片（弦切面）

拉丁名称：*Palaquium morobense*
科属名称：山榄科（Sapotaceae）胶木属

宏观照片

微观照片（横切面）

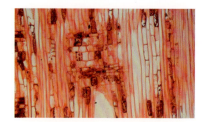

微观照片（径切面）

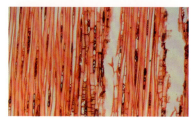

微观照片（弦切面）

拉丁名称：*Palaquium simun*

科属名称：山榄科（Sapotaceae）胶木属

宏观照片

微观照片（横切面）

微观照片（径切面）

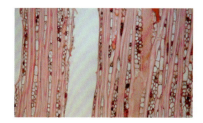

微观照片（弦切面）

拉丁名称：*Pangium edule*

科属名称：大风子科（Flacourtiaceae）马来刺篱木属

宏观照片

微观照片（横切面）

微观照片（径切面）

微观照片（弦切面）

拉丁名称：*Parartocarpus venenosa*
科属名称：桑科（Moraceae）臭桑属

宏观照片

微观照片（横切面）

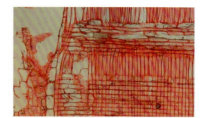

微观照片（径切面）

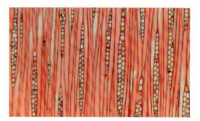

微观照片（弦切面）

拉丁名称：*Parinari nonda*
科属名称：金橡实科（Chrysobalanaceae）姜饼木属

宏观照片

微观照片（横切面）

微观照片（径切面）

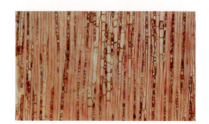

微观照片（弦切面）

拉丁名称：*Pavetta indica*

科属名称：茜草科（Rubiaceae）大沙叶属

宏观照片

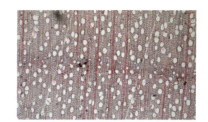
微观照片（横切面）

微观照片（径切面）

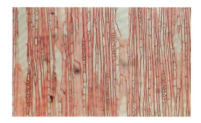
微观照片（弦切面）

拉丁名称：*Pentaphalangium crassinerve*

科属名称：藤黄科（Guttiferae）科山竹子属

宏观照片

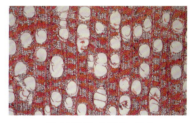
微观照片（横切面）

微观照片（径切面）

微观照片（弦切面）

拉丁名称：*Pericopsis mooniana*

科属名称：豆科（Leguminosae）美木豆属

宏观照片

微观照片（横切面）

微观照片（径切面）

微观照片（弦切面）

拉丁名称：*Phoebe forbesii*

科属名称：樟科（Lauraceae）楠木属

宏观照片

微观照片（横切面）

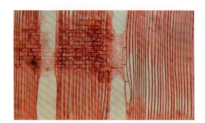

微观照片（径切面）

微观照片（弦切面）

拉丁名称：*Phyllocladus hypophyllus*
科属名称：罗汉松科（**Podocarpaceae**）叶枝杉属

宏观照片

微观照片（横切面）

微观照片（径切面）

微观照片（弦切面）

拉丁名称：*Pimelodendron amboinicum*
科属名称：大戟科（**Euphorbiaceae**）葵柱戟属

宏观照片

微观照片（横切面）

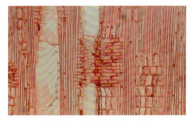

微观照片（径切面）

微观照片（弦切面）

拉丁名称：*Pipturus argenteus*

科属名称：荨麻科（Urticaceae）落尾木属

宏观照片

微观照片（横切面）

微观照片（径切面）

微观照片（弦切面）

拉丁名称：*Pittosporum ferrugineum*

科属名称：海桐科（Pittosporaceae）海桐属

宏观照片

微观照片（横切面）

微观照片（径切面）

微观照片（弦切面）

拉丁名称：*Planchonella anteridifera*

科属名称：山榄科（Sapotaceae）山榄属

宏观照片

微观照片（横切面）

微观照片（径切面）

微观照片（弦切面）

拉丁名称：*Planchonella chartacea*

科属名称：山榄科（Sapotaceae）山榄属

宏观照片

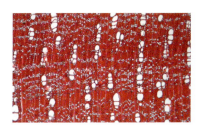
微观照片（横切面）

微观照片（径切面）

微观照片（弦切面）

拉丁名称：*Planchonella firma*

科属名称：山榄科（Sapotaceae）山榄属

宏观照片

微观照片（横切面）

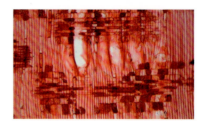

微观照片（径切面）

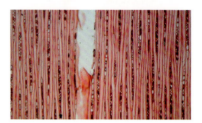

微观照片（弦切面）

拉丁名称：*Planchonella ledermannii*

科属名称：山榄科（Sapotaceae）山榄属

宏观照片

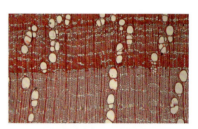

微观照片（横切面）

微观照片（径切面）

微观照片（弦切面）

拉丁名称：*Planchonella macropoda*

科属名称：山榄科（Sapotaceae）山榄属

宏观照片

微观照片（横切面）

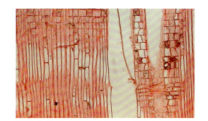

微观照片（径切面）

微观照片（弦切面）

拉丁名称：*Planchonella nebulicola*

科属名称：山榄科（Sapotaceae）山榄属

宏观照片

微观照片（横切面）

微观照片（径切面）

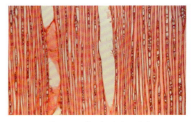

微观照片（弦切面）

拉丁名称：*Planchonella sayerii*

科属名称：山榄科（**Sapotaceae**）山榄属

宏观照片

微观照片（横切面）

微观照片（径切面）

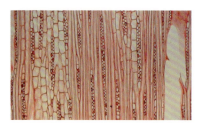

微观照片（弦切面）

拉丁名称：*Planchonella thyrsoidea*

科属名称：山榄科（**Sapotaceae**）山榄属

宏观照片

微观照片（横切面）

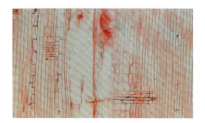

微观照片（径切面）

微观照片（弦切面）

⒧⒜⒯⒩⒞ : *Planchonella torricellensis*

⒮⒞⒤⒠⒩ : 山榄科（Sapotaceae）山榄属

宏观照片

微观照片（横切面）

微观照片（径切面）

微观照片（弦切面）

⒧⒜⒯⒩⒞ : *Polyalthia forbesii*

⒮⒞⒤⒠⒩ : 番荔枝科（Annonaceae）暗罗属

宏观照片

微观照片（横切面）

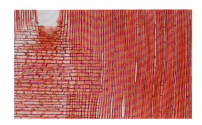

微观照片（径切面）

微观照片（弦切面）

⌒拉⌒丁⌒名⌒称⌒：*Polyalthia oblongifolia*
⌒科⌒属⌒名⌒称⌒：番荔枝科（Annonaceae）暗罗属

宏观照片

微观照片（横切面）

微观照片（径切面）

微观照片（弦切面）

⌒拉⌒丁⌒名⌒称⌒：*Polyosma integrifolia*
⌒科⌒属⌒名⌒称⌒：南鼠刺科（Escalloniaceae）多香木属

宏观照片

微观照片（横切面）

微观照片（径切面）

微观照片（弦切面）

拉丁名称：*Polyscias elegans*

科属名称：五加科（Araliaceae）南洋参属

宏观照片

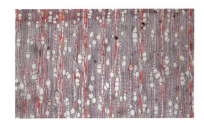

微观照片（横切面）

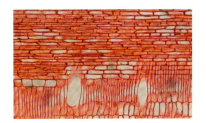

微观照片（径切面）

微观照片（弦切面）

拉丁名称：*Polyscias ledermannii*

科属名称：五加科（Araliaceae）南洋参属

宏观照片

微观照片（横切面）

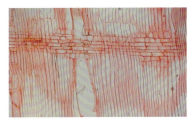

微观照片（径切面）

微观照片（弦切面）

⑰⑪⑱⑲：*Pometia pinnata*

⑭⑲⑱⑲：无患子科（Sapindaceae）番龙眼属

宏观照片

微观照片（横切面）

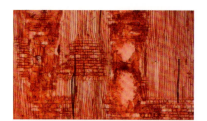

微观照片（径切面）

微观照片（弦切面）

⑰⑪⑱⑲：*Pouteria luzoniensis*

⑭⑲⑱⑲：山榄科（Sapotaceae）桃榄属

宏观照片

微观照片（横切面）

微观照片（径切面）

微观照片（弦切面）

⒧⒧⒧⒧：*Prainea papuana*
⒦⒧⒧⒧：桑科（Moraceae）陷毛桑属

宏观照片

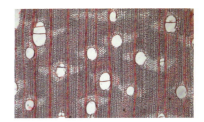

微观照片（横切面）

微观照片（径切面）

微观照片（弦切面）

⒧⒧⒧⒧：*Premna inaequilateralis*
⒦⒧⒧⒧：马鞭草科（Verbenaceae）豆腐柴属

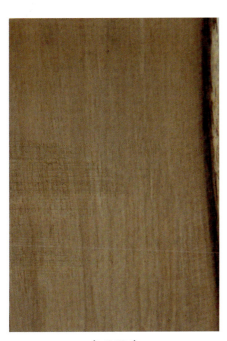

宏观照片

微观照片（横切面）

微观照片（径切面）

微观照片（弦切面）

拉丁名称：*Premna odorata*

科属名称：马鞭草科（Verbenaceae）豆腐柴属

宏观照片

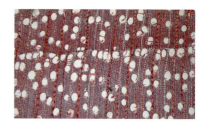

微观照片（横切面）

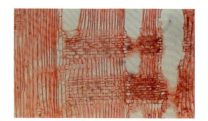

微观照片（径切面）

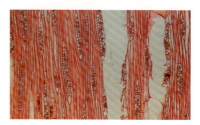

微观照片（弦切面）

拉丁名称：*Premna serratifolia*

科属名称：马鞭草科（Verbenaceae）豆腐柴属

宏观照片

微观照片（横切面）

微观照片（径切面）

微观照片（弦切面）

拉丁名称：*Protium macgregorii*

科属名称：橄榄科（Burseraceae）马蹄果属

宏观照片

微观照片（横切面）

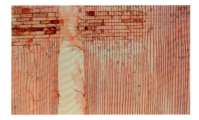

微观照片（径切面）

微观照片（弦切面）

拉丁名称：*Prunus brachystachya*

科属名称：蔷薇科（Rosaceae）樱桃属

宏观照片

微观照片（横切面）

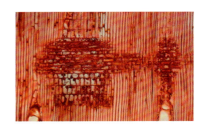

微观照片（径切面）

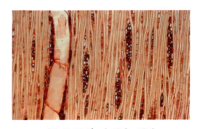

微观照片（弦切面）

拉丁名称：*Prunus costata*
科属名称：蔷薇科（Rosaceae）樱桃属

宏观照片

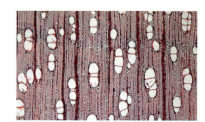
微观照片（横切面）

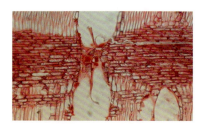
微观照片（径切面）

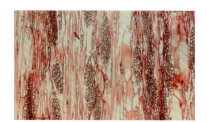
微观照片（弦切面）

拉丁名称：*Prunus dolichobotrys*
科属名称：蔷薇科（Rosaceae）樱桃属

宏观照片

微观照片（横切面）

微观照片（径切面）

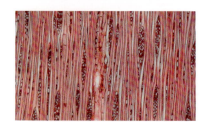
微观照片（弦切面）

拉丁名称：*Prunus gazelle-peninsulae*

科属名称：蔷薇科（Rosaceae）樱桃属

宏观照片

微观照片（横切面）

微观照片（径切面）

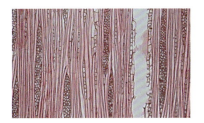

微观照片（弦切面）

拉丁名称：*Prunus grisea*

科属名称：蔷薇科（Rosaceae）樱桃属

宏观照片

微观照片（横切面）

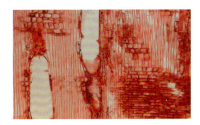

微观照片（径切面）

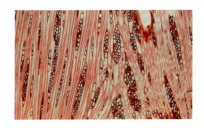

微观照片（弦切面）

拉丁名称：*Prunus schlechteri*
科属名称：蔷薇科（Rosaceae）樱桃属

宏观照片

微观照片（横切面）

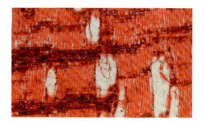
微观照片（径切面）

微观照片（弦切面）

拉丁名称：*Pseudobotrys cauliflora*
科属名称：茶茱萸科（Icacinaceae）总状茱萸属

宏观照片

微观照片（横切面）

微观照片（径切面）

微观照片（弦切面）

拉丁名称：*Pterocarpus indicus*

科属名称：豆科（Leguminosae）紫檀属

宏观照片

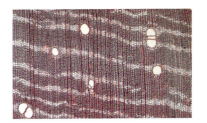

微观照片（横切面）

微观照片（径切面）

微观照片（弦切面）

拉丁名称：*Pullea glabra*

科属名称：火把树科（Cunoniaceae）普莱木属

宏观照片

微观照片（横切面）

微观照片（径切面）

微观照片（弦切面）

⒧⒟⒠⒡⒢: *Quassia indica*

⒮⒦⒰⒫⒱⒲: 苦木科（Simarubaceae）红雀椿属

宏观照片

微观照片（横切面）

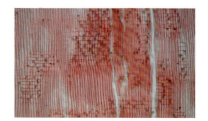

微观照片（径切面）

微观照片（弦切面）

⒧⒟⒠⒡⒢: *Rapanea involucrata*

⒮⒦⒰⒫⒱⒲: 紫金牛科（Myrsinaceae）密花木属

宏观照片

微观照片（横切面）

微观照片（径切面）

微观照片（弦切面）

拉丁名称：*Rapanea leucantha*

科属名称：紫金牛科（Myrsinaceae）密花木属

宏观照片

微观照片（横切面）

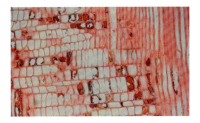

微观照片（径切面）

微观照片（弦切面）

拉丁名称：*Rhizophora apiculata*

科属名称：红树科（Rhizophoraceae）红树属

宏观照片

微观照片（横切面）

微观照片（径切面）

微观照片（弦切面）

拉丁名称：*Rhizophora mucronata*

科属名称：红树科（Rhizophoraceae）红树属

宏观照片

微观照片（横切面）

微观照片（径切面）

微观照片（弦切面）

拉丁名称：*Rhizophora stylosa*

科属名称：红树科（Rhizophoraceae）红树属

宏观照片

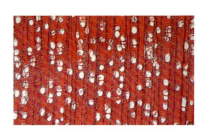

微观照片（横切面）

微观照片（径切面）

微观照片（弦切面）

拉丁名称：*Rhus taitensis*

科属名称：漆树科（Anacardiaceae）盐肤木属

宏观照片

微观照片（横切面）

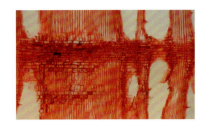

微观照片（径切面）

微观照片（弦切面）

拉丁名称：*Sarcopteryx squamosa*

科属名称：无患子科（Sapindaceae）肉翼无患子属

宏观照片

微观照片（横切面）

微观照片（径切面）

微观照片（弦切面）

拉丁名称：*Saurauia conferta*
科属名称：猕猴桃科（Actinidiaceae）水东哥属

宏观照片

微观照片（横切面）

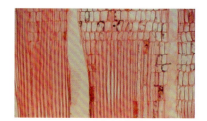
微观照片（径切面）

微观照片（弦切面）

拉丁名称：*Saurauia schumannii*
科属名称：猕猴桃科（Actinidiaceae）水东哥属

宏观照片

微观照片（横切面）

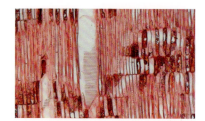
微观照片（径切面）

微观照片（弦切面）

拉丁名称：*Scaevola frutescens*

科属名称：草海桐科（Goodeniaceae）草海桐属

宏观照片

微观照片（横切面）

微观照片（径切面）

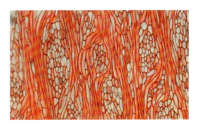

微观照片（弦切面）

拉丁名称：*Schefflera stahliana*

科属名称：五加科（Araliaceae）鸭脚木属

宏观照片

微观照片（横切面）

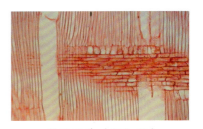

微观照片（径切面）

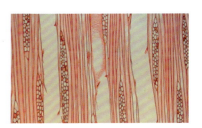

微观照片（弦切面）

- 拉丁名称：*Schizomeria ilicina*
- 科属名称：火把树科（Cunoniaceae）裂冠木属

宏观照片

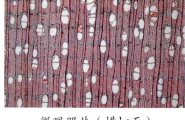

微观照片（横切面）

微观照片（径切面）

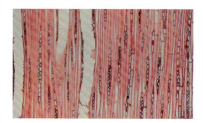

微观照片（弦切面）

- 拉丁名称：*Schizomeria serrata*
- 科属名称：火把树科（Cunoniaceae）裂冠木属

宏观照片

微观照片（横切面）

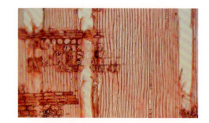

微观照片（径切面）

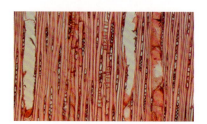

微观照片（弦切面）

拉丁名称：*Semecarpus australiensis*

科属名称：漆树科（Anacardiaceae）半果漆属

宏观照片

微观照片（横切面）

微观照片（径切面）

微观照片（弦切面）

拉丁名称：*Semecarpus magnifica*

科属名称：漆树科（Anacardiaceae）半果漆属

宏观照片

微观照片（横切面）

微观照片（径切面）

微观照片（弦切面）

拉丁名称：*Shirakiopsis indica*

科属名称：大戟科（Euphorbiaceae）齿叶乌桕属

宏观照片

微观照片（横切面）

微观照片（径切面）

微观照片（弦切面）

拉丁名称：*Sloanea forbesii*

科属名称：杜英科（Elaeocarpaceae）猴欢喜属

宏观照片

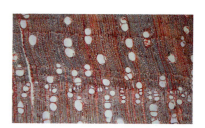

微观照片（横切面）

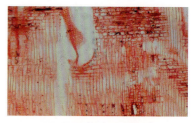

微观照片（径切面）

微观照片（弦切面）

拉丁名称：*Spondias dulcis*

科属名称：漆树科（Anacardiaceae）槟榔青属

宏观照片

微观照片（横切面）

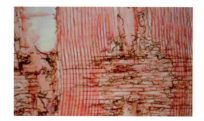

微观照片（径切面）

微观照片（弦切面）

拉丁名称：*Stemonurus ammui*

科属名称：茶茱萸科（Icacinaceae）尾药木属

宏观照片

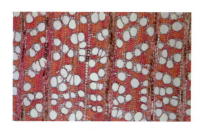

微观照片（横切面）

微观照片（径切面）

微观照片（弦切面）

拉丁名称：*Stenocarpus moorei*
科属名称：山龙眼科（Proteaceae）火轮树属

宏观照片

微观照片（横切面）

微观照片（径切面）

微观照片（弦切面）

拉丁名称：*Sterculia ampla*
科属名称：梧桐科（Sterculiaceae）苹婆属

宏观照片

微观照片（横切面）

微观照片（径切面）

微观照片（弦切面）

拉丁名称：*Sterculia edelfeltii*

科属名称：梧桐科（Sterculiaceae）苹婆属

宏观照片

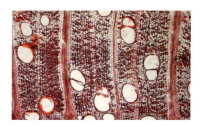

微观照片（横切面）

微观照片（径切面）

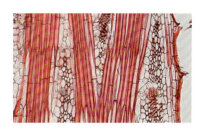

微观照片（弦切面）

拉丁名称：*Sterculia oncinocarpa*

科属名称：梧桐科（Sterculiaceae）苹婆属

宏观照片

微观照片（横切面）

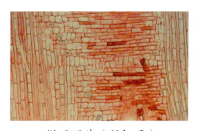

微观照片（径切面）

微观照片（弦切面）

拉丁名称：*Sterculia schumanniana*

科属名称：梧桐科（Sterculiaceae）苹婆属

宏观照片

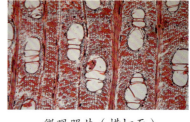

微观照片（横切面）

微观照片（径切面）

微观照片（弦切面）

拉丁名称：*Streblus urophyllus*

科属名称：桑科（Moraceae）鹊肾树属

宏观照片

微观照片（横切面）

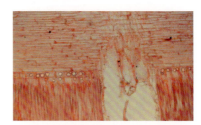

微观照片（径切面）

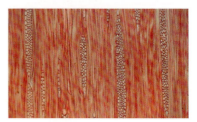

微观照片（弦切面）

拉丁名称：*Syndyophyllum excelsum*

科属名称：大戟科（**Euphorbiaceae**）茜桐属

宏观照片

微观照片（横切面）

微观照片（径切面）

微观照片（弦切面）

拉丁名称：*Syzygium acutangulum*

科属名称：桃金娘科（**Myrtaceae**）蒲桃属

宏观照片

微观照片（横切面）

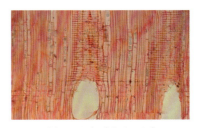

微观照片（径切面）

微观照片（弦切面）

拉丁名称：*Syzygium adelphicum*

科属名称：桃金娘科（Myrtaceae）蒲桃属

宏观照片

微观照片（横切面）

微观照片（径切面）

微观照片（弦切面）

拉丁名称：*Syzygium alatum*

科属名称：桃金娘科（Myrtaceae）蒲桃属

宏观照片

微观照片（横切面）

微观照片（径切面）

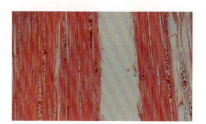

微观照片（弦切面）

拉丁名称：*Syzygium aqueum*

科属名称：桃金娘科（**Myrtaceae**）蒲桃属

宏观照片

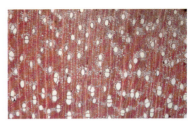
微观照片（横切面）

微观照片（径切面）

微观照片（弦切面）

拉丁名称：*Syzygium branderhorstii*

科属名称：桃金娘科（**Myrtaceae**）蒲桃属

宏观照片

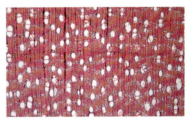
微观照片（横切面）

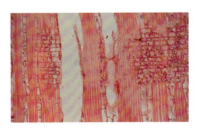
微观照片（径切面）

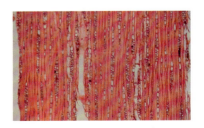
微观照片（弦切面）

拉丁名称：*Syzygium claviflorum*
科属名称：桃金娘科（Myrtaceae）蒲桃属

宏观照片

微观照片（横切面）

微观照片（径切面）

微观照片（弦切面）

拉丁名称：*Syzygium furfuraceum*
科属名称：桃金娘科（Myrtaceae）蒲桃属

宏观照片

微观照片（横切面）

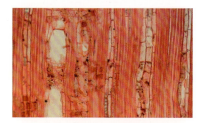
微观照片（径切面）

微观照片（弦切面）

拉丁名称：*Syzygium laqueatum*
科属名称：桃金娘科（Myrtaceae）蒲桃属

宏观照片

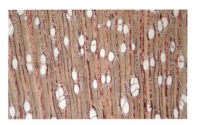
微观照片（横切面）

微观照片（径切面）

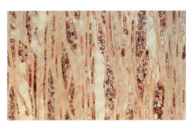
微观照片（弦切面）

拉丁名称：*Syzygium leptophlebium*
科属名称：桃金娘科（Myrtaceae）蒲桃属

宏观照片

微观照片（横切面）

微观照片（径切面）

微观照片（弦切面）

拉丁名称：*Syzygium longipes*
科属名称：桃金娘科（**Myrtaceae**）蒲桃属

宏观照片

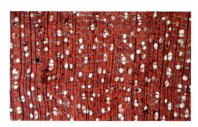

微观照片（横切面）

微观照片（径切面）

微观照片（弦切面）

拉丁名称：*Syzygium malaccense*
科属名称：桃金娘科（**Myrtaceae**）蒲桃属

宏观照片

微观照片（横切面）

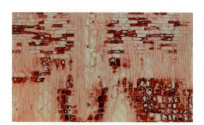

微观照片（径切面）

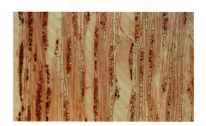

微观照片（弦切面）

拉丁名称：*Syzygium pachycladum*

科属名称：桃金娘科（**Myrtaceae**）蒲桃属

宏观照片

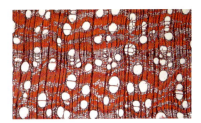

微观照片（横切面）

微观照片（径切面）

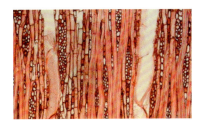

微观照片（弦切面）

拉丁名称：*Syzygium schumannianum*

科属名称：桃金娘科（**Myrtaceae**）蒲桃属

宏观照片

微观照片（横切面）

微观照片（径切面）

微观照片（弦切面）

拉丁名称：*Syzygium subalatum*

科属名称：桃金娘科（Myrtaceae）蒲桃属

宏观照片

微观照片（横切面）

微观照片（径切面）

微观照片（弦切面）

拉丁名称：*Syzygium subcorymbosum*

科属名称：桃金娘科（Myrtaceae）蒲桃属

宏观照片

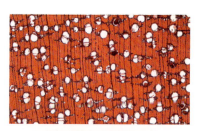

微观照片（横切面）

微观照片（径切面）

微观照片（弦切面）

拉丁名称：*Syzygium thornei*
科属名称：桃金娘科（**Myrtaceae**）蒲桃属

宏观照片

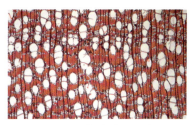
微观照片（横切面）

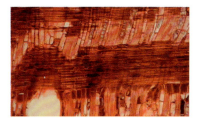
微观照片（径切面）

微观照片（弦切面）

拉丁名称：*Syzygium tierneyanum*
科属名称：桃金娘科（**Myrtaceae**）蒲桃属

宏观照片

微观照片（横切面）

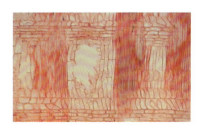
微观照片（径切面）

微观照片（弦切面）

拉丁名称：*Syzygium variabile*
科属名称：桃金娘科（Myrtaceae）蒲桃属

宏观照片

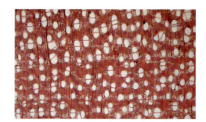
微观照片（横切面）

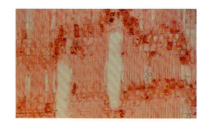
微观照片（径切面）

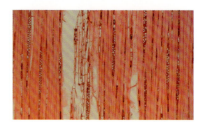
微观照片（弦切面）

拉丁名称：*Tarenna sambucina*
科属名称：茜草科（Rubiaceae）乌口树属

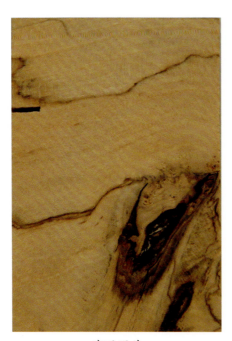
宏观照片

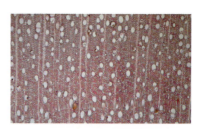
微观照片（横切面）

微观照片（径切面）

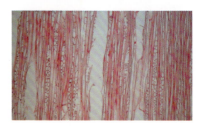
微观照片（弦切面）

拉丁名称：*Terminalia archipelagi*

科属名称：使君子科（Combretaceae）榄仁属

宏观照片

微观照片（横切面）

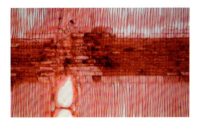

微观照片（径切面）

微观照片（弦切面）

拉丁名称：*Terminalia brassii*

科属名称：使君子科（Combretaceae）榄仁属

宏观照片

微观照片（横切面）

微观照片（径切面）

微观照片（弦切面）

拉丁名称：*Terminalia canaliculata*
科属名称：使君子科（Combretaceae）榄仁属

宏观照片

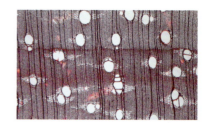

微观照片（横切面）

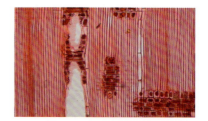

微观照片（径切面）

微观照片（弦切面）

拉丁名称：*Terminalia complanata*
科属名称：使君子科（Combretaceae）榄仁属

宏观照片

微观照片（横切面）

微观照片（径切面）

微观照片（弦切面）

拉丁名称：*Terminalia impediens*

科属名称：使君子科（Combretaceae）榄仁属

宏观照片

微观照片（横切面）

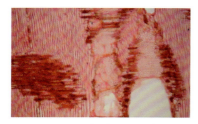

微观照片（径切面）

微观照片（弦切面）

拉丁名称：*Terminalia microcarpa*

科属名称：使君子科（Combretaceae）榄仁属

宏观照片

微观照片（横切面）

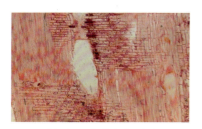

微观照片（径切面）

微观照片（弦切面）

拉丁名称：*Terminalia oreadum*

科属名称：使君子科（Combretaceae）榄仁属

宏观照片

微观照片（横切面）

微观照片（径切面）

微观照片（弦切面）

拉丁名称：*Terminalia rubiginosa*

科属名称：使君子科（Combretaceae）榄仁属

宏观照片

微观照片（横切面）

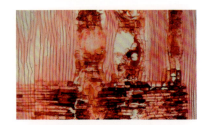

微观照片（径切面）

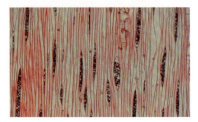

微观照片（弦切面）

拉丁名称：*Terminalia sepicana*
科属名称：使君子科（Combretaceae）榄仁属

宏观照片

微观照片（横切面）

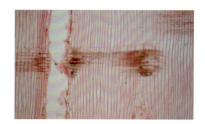
微观照片（径切面）

微观照片（弦切面）

拉丁名称：*Terminalia solomonensis*
科属名称：使君子科（Combretaceae）榄仁属

宏观照片

微观照片（横切面）

微观照片（径切面）

微观照片（弦切面）

拉丁名称：*Terminalia steenisiana*

科属名称：使君子科（**Combretaceae**）榄仁属

宏观照片

微观照片（横切面）

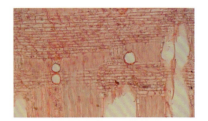

微观照片（径切面）

微观照片（弦切面）

拉丁名称：*Ternstroemia cherryi*

科属名称：山茶科（**Theaceae**）厚皮香属

宏观照片

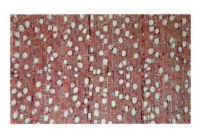

微观照片（横切面）

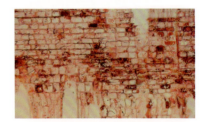

微观照片（径切面）

微观照片（弦切面）

拉丁名称：*Ternstroemia merrilliana*

科属名称：山茶科（Theaceae）厚皮香属

宏观照片

微观照片（横切面）

微观照片（径切面）

微观照片（弦切面）

拉丁名称：*Ternstroemia rehderiana*

科属名称：山茶科（Theaceae）厚皮香属

宏观照片

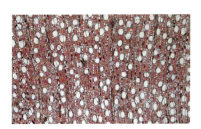

微观照片（横切面）

微观照片（径切面）

微观照片（弦切面）

⒧⒯⒮⒩：*Tetrameles nudiflora*
⒦⒳⒩：四数木科（Datiscaceae）四数木属

宏观照片

微观照片（横切面）

微观照片（径切面）

微观照片（弦切面）

⒧⒯⒮⒩：*Thespesia patellifera*
⒦⒳⒩：锦葵科（Malvaceae）桐棉属

宏观照片

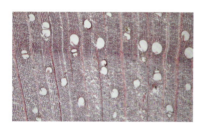

微观照片（横切面）

微观照片（径切面）

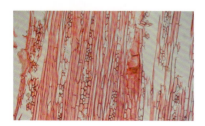

微观照片（弦切面）

拉丁名称：*Thespesia populnea*

科属名称：锦葵科（**Malvaceae**）桐棉属

宏观照片

微观照片（横切面）

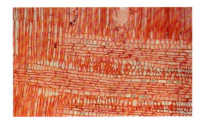

微观照片（径切面）

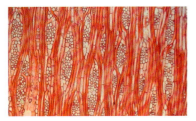

微观照片（弦切面）

拉丁名称：*Timonius belensis*

科属名称：茜草科（**Rubiaceae**）海茜树属

宏观照片

微观照片（横切面）

微观照片（径切面）

微观照片（弦切面）

拉丁名称：*Timonius kaniensis*

科属名称：茜草科（Rubiaceae）海茜树属

宏观照片

微观照片（横切面）

微观照片（径切面）

微观照片（弦切面）

拉丁名称：*Timonius pubistipulus*

科属名称：茜草科（Rubiaceae）海茜树属

宏观照片

微观照片（横切面）

微观照片（径切面）

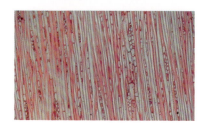
微观照片（弦切面）

拉丁名称：*Timonius timon*

科属名称：茜草科（Rubiaceae）海茜树属

宏观照片

微观照片（横切面）

微观照片（径切面）

微观照片（弦切面）

拉丁名称：*Toechima erythrocarpum*

科属名称：无患子科（Sapindaceae）特喜无患子属

宏观照片

微观照片（横切面）

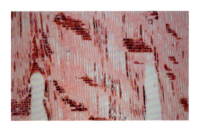

微观照片（径切面）

微观照片（弦切面）

拉丁名称：*Toona sureni*

科属名称：楝科（Meliaceae）香椿属

宏观照片

微观照片（横切面）

微观照片（径切面）

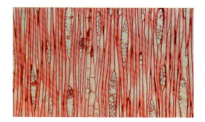

微观照片（弦切面）

拉丁名称：*Trema orientalis*

科属名称：榆科（Ulmaceae）山黄麻属

宏观照片

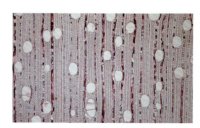

微观照片（横切面）

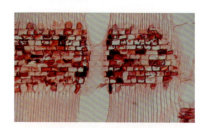

微观照片（径切面）

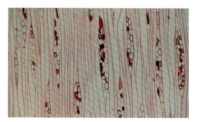

微观照片（弦切面）

拉丁名称: *Trichadenia philippinensis*
科属名称: 大风子科（Flacourtiaceae）毛腺木属

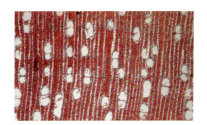
微观照片（横切面）

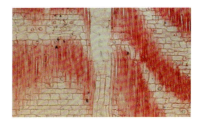
微观照片（径切面）

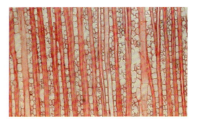
微观照片（弦切面）

宏观照片

拉丁名称: *Tristiropsis canarioides*
科属名称: 无患子科（Sapindaceae）特斯铁罗属

微观照片（横切面）

微观照片（径切面）

微观照片（弦切面）

宏观照片

拉丁名称：*Tristiropsis subangula*

科属名称：无患子科（Sapindaceae）特斯铁罗属

宏观照片

微观照片（横切面）

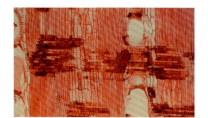

微观照片（径切面）

微观照片（弦切面）

拉丁名称：*Turpinia pentandra*

科属名称：省沽油科（Staphyleaceae）山香圆属

宏观照片

微观照片（横切面）

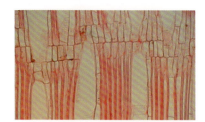

微观照片（径切面）

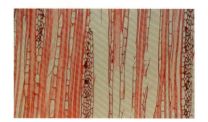

微观照片（弦切面）

拉丁名称：*Vaccinium apiculatum*

科属名称：杜鹃花科（Ericaceae）越橘属

宏观照片

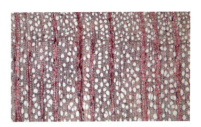

微观照片（横切面）

微观照片（径切面）

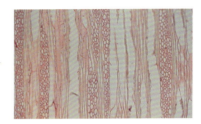

微观照片（弦切面）

拉丁名称：*Vatica papuana*

科属名称：龙脑香科（Dipterocarpaceae）青皮属

宏观照片

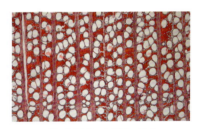

微观照片（横切面）

微观照片（径切面）

微观照片（弦切面）

拉丁名称：*Vernonia arborea*

科属名称：菊科（**Compositae**）斑鸠菊属

宏观照片

微观照片（横切面）

微观照片（径切面）

微观照片（弦切面）

拉丁名称：*Vitex cofassus*

科属名称：马鞭草科（**Verbenaceae**）牡荆属

宏观照片

微观照片（横切面）

微观照片（径切面）

微观照片（弦切面）

拉丁名称：*Voacanga grandifolia*
科属名称：夹竹桃科（**Apocynaceae**）马铃果属

宏观照片

微观照片（横切面）

微观照片（径切面）

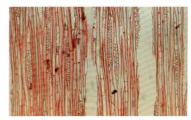

微观照片（弦切面）

拉丁名称：*Weinmannia blumei*
科属名称：火把树科（**Cunoniaceae**）魏曼木属

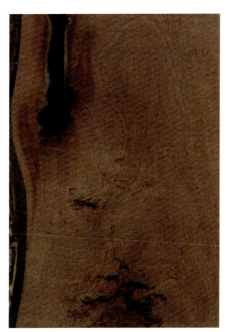

宏观照片

微观照片（横切面）

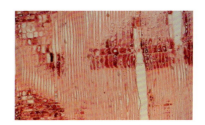

微观照片（径切面）

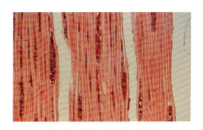

微观照片（弦切面）

㊥㊁㊔㊥：*Weinmannia urdanetensis*
㊙㊥㊔㊥：火把树科（Cunoniaceae）魏曼木属

宏观照片

微观照片（横切面）

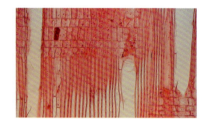

微观照片（径切面）

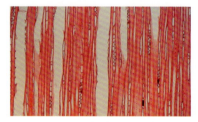

微观照片（弦切面）

㊥㊁㊔㊥：*Wrightia laevis*
㊙㊥㊔㊥：夹竹桃科（Apocynaceae）倒吊笔属

宏观照片

微观照片（横切面）

微观照片（径切面）

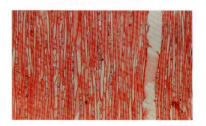

微观照片（弦切面）

拉丁名称：*Xanthomyrtus montivaga*

科属名称：桃金娘科（**Myrtaceae**）金桃木属

宏观照片

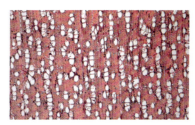

微观照片（横切面）

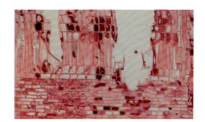

微观照片（径切面）

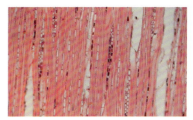

微观照片（弦切面）

拉丁名称：*Xanthophyllum papuanum*

科属名称：远志科（**Polygalaceae**）黄叶树属

宏观照片

微观照片（横切面）

微观照片（径切面）

微观照片（弦切面）

拉丁名称：*Xylocarpus granatum*

科属名称：楝科（**Meliaceae**）木果楝属

宏观照片

微观照片（横切面）

微观照片（径切面）

微观照片（弦切面）

拉丁名称：*Xylopia calosericea*

科属名称：番荔枝科（**Annonaceae**）木瓣树属

宏观照片

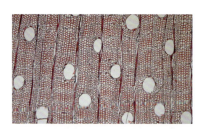

微观照片（横切面）

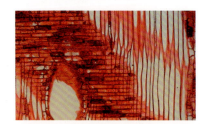

微观照片（径切面）

微观照片（弦切面）

拉丁名称：*Xylopia papuana*
科属名称：番荔枝科（Annonaceae）木瓣树属

宏观照片

微观照片（横切面）

微观照片（径切面）

微观照片（弦切面）

拉丁名称：*Zanthoxylum megistophyllum*
科属名称：芸香科（Rutaceae）花椒属

宏观照片

微观照片（横切面）

微观照片（径切面）

微观照片（弦切面）

拉丁名称：*Ziziphus angustifolia*

科属名称：鼠李科（Rhamnaceae）枣属

宏观照片

微观照片（横切面）

微观照片（径切面）

微观照片（弦切面）

# 大洋洲木材科属名索引

## 猕猴桃科（Actinidiaceae）
Saurauia conferta ··············································· 174
Saurauia schumannii ··········································· 174

## 八角枫科（Alangiaceae）
Alangium javanicum ················································ 9

## 漆树科（Anacardiaceae）
Buchanania macrocarpa ········································· 29
Campnosperma coriaceum ······································ 33
Dracontomelon dao ················································ 65
Euroschinus papuanus ············································ 80
Mangifera minor ···················································· 127
Mangifera mucronulata ········································· 127
Rhus taitensis ······················································· 173
Semecarpus australiensis ······································ 177
Semecarpus magnifica ·········································· 177
Spondias dulcis ····················································· 179

## 番荔枝科（Annonaceae）
Cyathocalyx polycarpa ············································ 58
Polyalthia forbesii ················································· 159
Polyalthia oblongifolia ··········································· 160
Xylopia calosericea ················································ 212
Xylopia papuana ··················································· 213

## 夹竹桃科（Apocynaceae）
Alstonia scholaris ···················································· 12
Alstonia spatulata ··················································· 12
Alstonia spectabilis ················································· 13
Cerbera floribunda ·················································· 42
Lepiniopsis ternatensis ·········································· 113
Ochrosia glomerata ··············································· 146
Voacanga grandifolia ············································· 209
Wrightia laevis ······················································ 210

## 冬青科（Aquifoliaceae）
Ilex cymosa ·························································· 109
Ilex havilandii ······················································· 110
Ilex versteeghii ····················································· 110

## 五加科（Araliaceae）
Polyscias elegans ·················································· 161
Polyscias ledermannii ············································ 161
Schefflera stahliana ··············································· 175

## 紫葳科（Bignoniaceae）
Deplanchea tetraphylla ············································ 59
Dolichandrone spathacea ········································ 64

## 木棉科（Bombacaceae）
Bombax ceiba ························································· 26
Camptostemon schultzii ·········································· 33

## 紫草科（Boraginaceae）
Cordia dichotoma ···················································· 50
Cordia subcordata ··················································· 50

## 橄榄科（Burseraceae）
Canarium acutifolium ··············································· 34
Canarium asperum ·················································· 35
Canarium indicum ··················································· 35
Canarium macadamii ··············································· 36
Canarium maluense ················································· 36
Canarium oleosum ·················································· 37
Canarium vitiense ··················································· 37
Garuga floribunda ··················································· 95
Haplolobus floribundus ·········································· 101
Protium macgregorii ·············································· 165

## 木麻黄科（Casuarinaceae）
Casuarina equisetifolia ············································ 40

## 可可李科（Chrysobalanaceae）
*Maranthes corymbosa* ·····128

## 金橡实科（Chrysobalanaceae）
*Parinari nonda* ·····150

## 使君子科（Combretaceae）
*Lumnitzera littorea* ·····122
*Lumnitzera racemosa* ·····122
*Terminalia archipelagi* ·····193
*Terminalia brassii* ·····193
*Terminalia canaliculata* ·····194
*Terminalia complanata* ·····194
*Terminalia impediens* ·····195
*Terminalia microcarpa* ·····195
*Terminalia oreadum* ·····196
*Terminalia rubiginosa* ·····196
*Terminalia sepicana* ·····197
*Terminalia solomonensis* ·····197
*Terminalia steenisiana* ·····198

## 菊科（Compositae）
*Vernonia arborea* ·····208

## 火把树科（Cunoniaceae）
*Caldcluvia nymanii* ·····29
*Ceratopetalum succirubrum* ·····41
*Pullea glabra* ·····169
*Schizomeria ilicina* ·····176
*Schizomeria serrata* ·····176
*Weinmannia blumei* ·····209
*Weinmannia urdanetensis* ·····210

## 四数木科（Datiscaceae）
*Octomeles sumatrana* ·····146
*Tetrameles nudiflora* ·····200

## 五桠果科（Dilleniaceae）
*Dillenia castaneifolia* ·····60
*Dillenia ingens* ·····60
*Dillenia montana* ·····61
*Dillenia papuana* ·····61

## 龙脑香科（Dipterocarpaceae）
*Anisoptera costata* ·····14
*Hopea forbesii* ·····106
*Hopea glabrifolia* ·····107
*Hopea iriana* ·····107
*Hopea papuana* ·····108
*Vatica papuana* ·····207

## 柿树科（Ebenaceae）
*Diospyros hebecarpa* ·····62
*Diospyros papuana* ·····62
*Diospyros peekelii* ·····63

## 杜英科（Elaeocarpaceae）
*Aceratium brassii* ·····2
*Aceratium oppositifolium* ·····2
*Elaeocarpus arnhemicus* ·····70
*Elaeocarpus dolichodactylus* ·····70
*Elaeocarpus floridanus* ·····71
*Elaeocarpus fuscoides* ·····71
*Elaeocarpus miegei* ·····72
*Elaeocarpus polydactylus* ·····72
*Elaeocarpus schlechterianus* ·····73
*Elaeocarpus sericoloides* ·····73
*Elaeocarpus sphaericus* ·····74
*Elaeocarpus trichophyllus* ·····74
*Elaeocarpus undulatus* ·····75
*Elaeocarpus womersleyi* ·····75
*Sloanea forbesii* ·····178

## 杜鹃花科（Ericaceae）
*Vaccinium apiculatum* ·····207

## 南鼠刺科（Escalloniaceae）
*Polyosma integrifolia* ·····160

## 大戟科（Euphorbiaceae）
*Acalyha caturus* ·····1
*Annesijoa novoguineensis* ·····14
*Antidesma excavatum* ·····15
*Antidesma ghaesembilla* ·····16
*Aporosa brassii* ·····17
*Aporosa heterodoxa* ·····17
*Aporosa laxiflora* ·····18
*Aporosa papuana* ·····18
*Baccaurea papuana* ·····23
*Bischofia javanica* ·····25
*Choriceras tricorne* ·····44
*Claoxylon carolinianum* ·····46
*Claoxylon coriaceolanatum* ·····46
*Claoxylon muscisilvae* ·····47
*Cleistanthus insignis* ·····47
*Croton wassi-kussae* ·····51
*Croton womersleyi* ·····51
*Drypetes lasiogynoides* ·····66
*Drypetes longifolia* ·····66
*Glochidion macrocarpum* ·····96
*Homalanthus arfakiensis* ·····104

| | |
|---|---|
| *Homalanthus populneus* | 105 |
| *Macaranga glaberrima* | 123 |
| *Macaranga quadriglandulosa* | 124 |
| *Macaranga tanarius* | 124 |
| *Mallotus didymochryseus* | 125 |
| *Mallotus mollissimus* | 125 |
| *Mallotus paniculatus* | 126 |
| *Mallotus trinervius* | 126 |
| *Melanolepis multiglandulosa* | 131 |
| *Omalanthus populifolius* | 147 |
| *Pimelodendron amboinicum* | 153 |
| *Shirakiopsis indica* | 178 |
| *Syndyophyllum excelsum* | 183 |

### 壳斗科（Fagaceae）

| | |
|---|---|
| *Castanopsis acuminatissima* | 39 |
| *Lithocarpus sogerensis* | 115 |
| *Lithocarpus vinkii* | 115 |
| *Nothofagus flaviramea* | 143 |
| *Nothofagus grandis* | 143 |
| *Nothofagus pullei* | 144 |
| *Nothofagus resinosa* | 144 |
| *Nothofagus rubra* | 145 |
| *Nothofagus starkenborghii* | 145 |

### 大风子科（Flacourtiaceae）

| | |
|---|---|
| *Casearia grewiifolia* | 38 |
| *Casearia pachyphylla* | 39 |
| *Homalium foetidum* | 105 |
| *Homalium reductum* | 106 |
| *Pangium edule* | 149 |
| *Trichadenia philippinensis* | 205 |

### 买麻藤科（Gnetaceae）

| | |
|---|---|
| *Gnetum costatum* | 99 |
| *Gnetum gnemon* | 99 |

### 草海桐科（Goodeniaceae）

| | |
|---|---|
| *Scaevola frutescens* | 175 |

### 藤黄科（Guttiferae）

| | |
|---|---|
| *Calophyllum inophyllum* | 30 |
| *Calophyllum papuanum* | 31 |
| *Calophyllum peekelii* | 31 |
| *Calophyllum soulattri* | 32 |
| *Calophyllum warburgii* | 32 |
| *Garcinia archboldian* | 91 |
| *Garcinia dulcis* | 92 |
| *Garcinia hollrungii* | 92 |
| *Garcinia hunsteinii* | 93 |
| *Garcinia ledermannii* | 93 |

| | |
|---|---|
| *Pentaphalangium crassinerve* | 151 |

### 舌蕊花科（Himantandraceae）

| | |
|---|---|
| *Galbulimima belgraveana* | 90 |

### 茶茱萸科（Icacinaceae）

| | |
|---|---|
| *Citronella suaveolens* | 45 |
| *Medusanthera laxiflora* | 130 |
| *Pseudobotrys cauliflora* | 168 |
| *Stemonurus ammui* | 179 |

### 唇形科（Lamiaceae）

| | |
|---|---|
| *Callicarpa pentandra* | 30 |
| *Clerodendrum buruanum* | 48 |

### 樟科（Lauraceae）

| | |
|---|---|
| *Actinodaphne nitida* | 4 |
| *Cryptocarya alleniana* | 52 |
| *Cryptocarya fagifolia* | 53 |
| *Cryptocarya graebneriana* | 53 |
| *Cryptocarya idenburgensis* | 54 |
| *Cryptocarya invasiorum* | 54 |
| *Cryptocarya ledermannii* | 55 |
| *Cryptocarya longipetiolata* | 55 |
| *Cryptocarya massoy* | 56 |
| *Cryptocarya multinervis* | 56 |
| *Cryptocarya multipaniculata* | 57 |
| *Cryptocarya umbonata* | 57 |
| *Endiandra flavinervis* | 76 |
| *Endiandra forbesii* | 77 |
| *Endiandra latifolia* | 77 |
| *Endiandra whitmorei* | 78 |
| *Litsea buinensis* | 116 |
| *Litsea collina* | 116 |
| *Litsea domarensis* | 117 |
| *Litsea elliptica* | 117 |
| *Litsea engleriana* | 118 |
| *Litsea exsudens* | 118 |
| *Litsea firma* | 119 |
| *Litsea globosa* | 119 |
| *Litsea irianensis* | 120 |
| *Litsea perlucida* | 120 |
| *Litsea psilophylla* | 121 |
| *Litsea timoriana* | 121 |
| *Phoebe forbesii* | 152 |

### 玉蕊科（Lecythidaceae）

| | |
|---|---|
| *Barringtonia niedenzuana* | 24 |

### 火筒树科（Leeaceae）

| | |
|---|---|
| *Leea indica* | 112 |

## 豆科（Leguminosae）
*Acacia auriculiformis* ········· 1
*Adenanthera novoguineensis* ········· 4
*Adenanthera pavonina* ········· 5
*Archidendron arborescens* ········· 19
*Archidendron grandiflorum* ········· 19
*Crudia papuana* ········· 52
*Derris indica* ········· 59
*Erythrina merrilliana* ········· 78
*Intsia bijuga* ········· 111
*Intsia palembanica* ········· 111
*Maniltoa schefferi* ········· 128
*Pericopsis mooniana* ········· 152
*Pterocarpus indicus* ········· 169

## 马钱科（Loganiaceae）
*Fagraea berteroana* ········· 81
*Fagraea gracilipes* ········· 81
*Fagraea racemosa* ········· 82

## 千屈菜科（Lythraceae）
*Duabanga moluccana* ········· 67

## 锦葵科（Malvaceae）
*Thespesia patellifera* ········· 200
*Thespesia populnea* ········· 201

## 野牡丹科（Melastomaceae）
*Astronia atroviridis* ········· 22
*Astronia hollrungii* ········· 23

## 楝科（Meliaceae）
*Aglaia agglomerata* ········· 5
*Aglaia brassii* ········· 6
*Aglaia lawii* ········· 6
*Aglaia sapindina* ········· 7
*Aglaia silvestris* ········· 7
*Aglaia subcuprea* ········· 8
*Chisocheton cumingianus* ········· 43
*Chisocheton lasiocarpus* ········· 44
*Dysoxylum arborescens* ········· 67
*Dysoxylum gaudichaudianum* ········· 68
*Dysoxylum mollissimum* subsp. *molle* ········· 68
*Dysoxylum parasiticum* ········· 69
*Dysoxylum pettigrewianum* ········· 69
*Toona sureni* ········· 204
*Xylocarpus granatum* ········· 212

## 玉盘桂科（Monimiaceae）
*Levieria nitens* ········· 113
*Levieria squarrosa* ········· 114

## 桑科（Moraceae）
*Antiaris toxicaria* ········· 15
*Artocarpus vrieseanus* var. *refractus* ········· 20
*Ficus botryocarpa* ········· 82
*Ficus calopilina* ········· 83
*Ficus erythrosperma* ········· 83
*Ficus gul* ········· 84
*Ficus melinocarpa* ········· 84
*Ficus pseudojaca* ········· 85
*Ficus trachypison* ········· 85
*Ficus trichocerasa* ········· 86
*Ficus variegata* ········· 86
*Ficus virgata* ········· 87
*Ficus wassa* ········· 87
*Parartocarpus venenosa* ········· 150
*Prainea papuana* ········· 163
*Streblus urophyllus* ········· 182

## 肉豆蔻科（Myristicaceae）
*Horsfieldia polyantha* ········· 108
*Horsfieldia sylvestris* ········· 109
*Myristica buchneriana* ········· 135
*Myristica chrysophylla* ········· 135
*Myristica cornutiflora* ········· 136
*Myristica globosa* ········· 136
*Myristica hollrungii* ········· 137
*Myristica longipes* ········· 137
*Myristica sulcata* ········· 138
*Myristica undulatifolia* ········· 138

## 桃金娘科（Myrtaceae）
*Decaspermum fruticosum* ········· 58
*Eucalyptopsis papuana* ········· 79
*Eucalyptus deglupta* ········· 79
*Eucalyptus tereticornis* ········· 80
*Melaleuca cajuputi* ········· 130
*Melaleuca leucadendron* ········· 131
*Syzygium acutangulum* ········· 183
*Syzygium adelphicum* ········· 184
*Syzygium alatum* ········· 184
*Syzygium aqueum* ········· 185
*Syzygium branderhorstii* ········· 185
*Syzygium claviflorum* ········· 186
*Syzygium furfuraceum* ········· 186
*Syzygium laqueatum* ········· 187
*Syzygium leptophlebium* ········· 187
*Syzygium longipes* ········· 188
*Syzygium malaccense* ········· 188
*Syzygium pachycladum* ········· 189

*Syzygium schumannianum* ……………………189
*Syzygium subalatum* ……………………………190
*Syzygium subcorymbosum* ……………………190
*Syzygium thornei* ………………………………191
*Syzygium tierneyanum* …………………………191
*Syzygium variabile* ……………………………192
*Xanthomyrtus montivaga* ………………………211

## 紫金牛科（Myrsinaceae）
*Conandrium polyanthum* …………………………49
*Myrsine leucantha* ……………………………139
*Rapanea involucrata* …………………………170
*Rapanea leucantha* ……………………………171

## 金莲木科（Ochnaceae）
*Brackenridgea forbesii* …………………………26

## 木犀科（Oleaceae）
*Chionanthus brassii* ……………………………42
*Chionanthus novoguineensis* ……………………43
*Ligustrum novoguineensis* ……………………114

## 铁青树科（Olacaceae）
*Anacolosa papuana* ………………………………13

## 海桐科（Pittosporaceae）
*Pittosporum ferrugineum* ………………………154

## 罗汉松科（Podocarpaceae）
*Phyllocladus hypophyllus* ……………………153

## 远志科（Polygalaceae）
*Xanthophyllum papuanum* ………………………211

## 山龙眼科（Proteaceae）
*Finschia chloroxantha* …………………………88
*Grevillea papuana* ……………………………100
*Stenocarpus moorei* ……………………………180

## 鼠李科（Rhamnaceae）
*Alphitonia ferruginea* …………………………10
*Alphitonia incana* ………………………………11
*Alphitonia macrocarpa* …………………………11
*Emmenosperma alphitonoides* ……………………76
*Ziziphus angustifolia* …………………………214

## 红树科（Rhizophoraceae）
*Bruguiera gymnorhiza* …………………………27
*Bruguiera parviflora* …………………………27
*Bruguiera sexangula* ……………………………28
*Carallia brachiata* ……………………………38
*Gynotroches axillaris* …………………………100

*Rhizophora apiculata* …………………………171
*Rhizophora mucronata* …………………………172
*Rhizophora stylosa* ……………………………172

## 蔷薇科（Rosaceae）
*Prunus brachystachya* …………………………165
*Prunus costata* …………………………………166
*Prunus dolichobotrys* …………………………166
*Prunus gazelle-peninsulae* ……………………167
*Prunus grisea* …………………………………167
*Prunus schlechteri* ……………………………168

## 茜草科（Rubiaceae）
*Aidia waugia* ……………………………………8
*Antirrhoea megacarpa* …………………………16
*Dolicholobium acuminatum* ………………………64
*Gardenia hansemannii* …………………………94
*Gardenia lamingtonii* …………………………94
*Mastixiodendron pachyclados* …………………129
*Mastixiodendron smithii* ………………………129
*Mitragyna speciosa* ……………………………134
*Neonauclea chalmersii* …………………………139
*Neonauclea clemensiae* …………………………140
*Neonauclea forsteri* ……………………………140
*Neonauclea hagenii* ……………………………141
*Neonauclea maluensis* …………………………141
*Neonauclea obversifolia* ………………………142
*Neonauclea solomonensis* ………………………142
*Pavetta indica* …………………………………151
*Tarenna sambucina* ……………………………192
*Timonius belensis* ……………………………201
*Timonius kaniensis* ……………………………202
*Timonius pubistipulus* …………………………202
*Timonius timon* …………………………………203

## 芸香科（Rutaceae）
*Acronychia murina* ………………………………3
*Acronychia smithii* ………………………………3
*Flindersia amboinensis* …………………………89
*Flindersia laevicarpa* var. *heterophylla* ……89
*Flindersia pimenteliana* ………………………90
*Geijera salicifolia* ……………………………95
*Lunasia amara* …………………………………123
*Melicope elleryana* ……………………………132
*Melicope latifolia* ……………………………132
*Micromelum minutum* ……………………………133
*Zanthoxylum megistophyllum* …………………213

## 山榄科（Sapotaceae）
*Chrysophyllum roxburghii* ………………………45

*Palaquium amboinense* ·················147
*Palaquium galactoxylum* var. *salomonense* ·······148
*Palaquium morobense* ················148
*Palaquium simun* ···················149
*Planchonella anteridifera* ·············155
*Planchonella chartacea* ···············155
*Planchonella firma* ·················156
*Planchonella ledermannii* ··············156
*Planchonella macropoda* ···············157
*Planchonella nebulicola* ···············157
*Planchonella sayerii* ················158
*Planchonella thyrsoidea* ···············158
*Planchonella torricellensis* ··············159
*Pouteria luzoniensis* ················162

## 无患子科（Sapindaceae）
*Allophylus cobbe* ···················10
*Arytera densiflora* ··················21
*Arytera divaricata* ··················21
*Arytera littoralis* ···················22
*Cnesmocarpon dasyantha* ···············48
*Dodonaea viscosa* ··················63
*Ganophyllum falcatum* ················91
*Harpullia aeruginosa* ················101
*Harpullia leptococca* ·················102
*Harpullia pedicellaris* ················102
*Harpullia thanatophora* ················103
*Harpullia vaga* ····················103
*Mischocarpus montanus* ···············134
*Pometia pinnata* ···················162
*Sarcopteryx squamosa* ················173
*Toechima erythrocarpum* ···············203
*Tristiropsis canarioides* ···············205
*Tristiropsis subangula* ················206

## 苦木科（Simarubaceae）
*Ailanthus integrifolia* ·················9
*Quassia indica* ····················170

## 安息香科（Styracaceae）
*Bruinsmia styracoides* ················28

## 省沽油科（Staphyleaceae）
*Turpinia pentandra* ··················206

## 梧桐科（Sterculiaceae）
*Argyrodendron trifoliolatum* ·············20
*Commersonia bartramia* ···············49
*Firmiana papuana* ··················88
*Heritiera novoguineensis* ···············104
*Kleinhovia hospita* ··················112
*Sterculia ampla* ····················180
*Sterculia edelfeltii* ···················181
*Sterculia oncinocarpa* ·················181
*Sterculia schumanniana* ···············182

## 山茶科（Theaceae）
*Ternstroemia cherryi* ·················198
*Ternstroemia merrilliana* ···············199
*Ternstroemia rehderiana* ···············199

## 椴树科（Tiliaceae）
*Berrya javanica* ····················25
*Microcos grandifolia* ·················133

## 榆科（Ulmaceae）
*Celtis latifolia* ····················40
*Celtis philippensis* ··················41
*Trema orientalis* ···················204

## 荨麻科（Urticaceae）
*Pipturus argenteus* ··················154

## 马鞭草科（Verbenaceae）
*Gmelina lepidota* ···················96
*Gmelina macrophylla* ·················97
*Gmelina moluccana* ··················97
*Gmelina sessilis* ····················98
*Gmelina smithii* ····················98
*Premna inaequilateralis* ················163
*Premna odorata* ····················164
*Premna serratifolia* ··················164
*Vitex cofassus* ····················208

## 林仙科（Winteraceae）
*Belliolum gracile* ···················24
*Drimys piperita* ····················65

# 大洋洲木材拉丁名索引

## A

| | |
|---|---|
| *Acacia auriculiformis* | 1 |
| *Acalyha caturus* | 1 |
| *Aceratium brassii* | 2 |
| *Aceratium oppositifolium* | 2 |
| *Acronychia murina* | 3 |
| *Acronychia smithii* | 3 |
| *Actinodaphne nitida* | 4 |
| *Adenanthera novoguineensis* | 4 |
| *Adenanthera pavonina* | 5 |
| *Aglaia agglomerata* | 5 |
| *Aglaia brassii* | 6 |
| *Aglaia lawii* | 6 |
| *Aglaia sapindina* | 7 |
| *Aglaia silvestris* | 7 |
| *Aglaia subcuprea* | 8 |
| *Aidia waugia* | 8 |
| *Ailanthus integrifolia* | 9 |
| *Alangium javanicum* | 9 |
| *Allophylus cobbe* | 10 |
| *Alphitonia ferruginea* | 10 |
| *Alphitonia incana* | 11 |
| *Alphitonia macrocarpa* | 11 |
| *Alstonia scholaris* | 12 |
| *Alstonia spatulata* | 12 |
| *Alstonia spectabilis* | 13 |
| *Anacolosa papuana* | 13 |
| *Anisoptera costata* | 14 |
| *Annesijoa novoguineensis* | 14 |
| *Antiaris toxicaria* | 15 |
| *Antidesma excavatum* | 15 |
| *Antidesma ghaesembilla* | 16 |
| *Antirrhoea megacarpa* | 16 |
| *Aporosa brassii* | 17 |
| *Aporosa heterodoxa* | 17 |
| *Aporosa laxiflora* | 18 |
| *Aporosa papuana* | 18 |
| *Archidendron arborescens* | 19 |
| *Archidendron grandiflorum* | 19 |
| *Argyrodendron trifoliolatum* | 20 |
| *Artocarpus vrieseanus* **var.** *refractus* | 20 |
| *Arytera densiflora* | 21 |
| *Arytera divaricata* | 21 |
| *Arytera littoralis* | 22 |
| *Astronia atroviridis* | 22 |
| *Astronia hollrungii* | 23 |

## B

| | |
|---|---|
| *Baccaurea papuana* | 23 |
| *Barringtonia niedenzuana* | 24 |
| *Belliolum gracile* | 24 |
| *Berrya javanica* | 25 |
| *Bischofia javanica* | 25 |
| *Bombax ceiba* | 26 |
| *Brackenridgea forbesii* | 26 |
| *Bruguiera gymnorhiza* | 27 |
| *Bruguiera parviflora* | 27 |
| *Bruguiera sexangula* | 28 |
| *Bruinsmia styracoides* | 28 |
| *Buchanania macrocarpa* | 29 |

## C

| | |
|---|---|
| *Caldcluvia nymanii* | 29 |
| *Callicarpa pentandra* | 30 |
| *Calophyllum inophyllum* | 30 |
| *Calophyllum papuanum* | 31 |
| *Calophyllum peekelii* | 31 |
| *Calophyllum soulattri* | 32 |

*Calophyllum warburgii* ........... 32
*Campnosperma coriaceum* ........... 33
*Camptostemon schultzii* ........... 33
*Cananga odorata* ........... 34
*Canarium acutifolium* ........... 34
*Canarium asperum* ........... 35
*Canarium indicum* ........... 35
*Canarium macadamii* ........... 36
*Canarium maluense* ........... 36
*Canarium oleosum* ........... 37
*Canarium vitiense* ........... 37
*Carallia brachiata* ........... 38
*Casearia grewiifolia* ........... 38
*Casearia pachyphylla* ........... 39
*Castanopsis acuminatissima* ........... 39
*Casuarina equisetifolia* ........... 40
*Celtis latifolia* ........... 40
*Celtis philippensis* ........... 41
*Ceratopetalum succirubrum* ........... 41
*Cerbera floribunda* ........... 42
*Chionanthus brassii* ........... 42
*Chionanthus novoguineensis* ........... 43
*Chisocheton cumingianus* ........... 43
*Chisocheton lasiocarpus* ........... 44
*Choriceras tricorne* ........... 44
*Chrysophyllum roxburghii* ........... 45
*Citronella suaveolens* ........... 45
*Claoxylon carolinianum* ........... 46
*Claoxylon coriaceolanatum* ........... 46
*Claoxylon muscisilvae* ........... 47
*Cleistanthus insignis* ........... 47
*Clerodendrum buruanum* ........... 48
*Cnesmocarpon dasyantha* ........... 48
*Commersonia bartramia* ........... 49
*Conandrium polyanthum* ........... 49
*Cordia dichotoma* ........... 50
*Cordia subcordata* ........... 50
*Croton wassi-kussae* ........... 51
*Croton womersleyi* ........... 51
*Crudia papuana* ........... 52
*Cryptocarya alleniana* ........... 52
*Cryptocarya fagifolia* ........... 53
*Cryptocarya graebneriana* ........... 53
*Cryptocarya idenburgensis* ........... 54
*Cryptocarya invasiorum* ........... 54
*Cryptocarya ledermannii* ........... 55
*Cryptocarya longipetiolata* ........... 55
*Cryptocarya massoy* ........... 56
*Cryptocarya multinervis* ........... 56
*Cryptocarya multipaniculata* ........... 57
*Cryptocarya umbonata* ........... 57
*Cyathocalyx polycarpa* ........... 58

# D

*Decaspermum fruticosum* ........... 58
*Deplanchea tetraphylla* ........... 59
*Derris indica* ........... 59
*Dillenia castaneifolia* ........... 60
*Dillenia ingens* ........... 60
*Dillenia montana* ........... 61
*Dillenia papuana* ........... 61
*Diospyros hebecarpa* ........... 62
*Diospyros papuana* ........... 62
*Diospyros peekelii* ........... 63
*Dodonaea viscosa* ........... 63
*Dolichandrone spathacea* ........... 64
*Dolicholobium acuminatum* ........... 64
*Dracontomelon dao* ........... 65
*Drimys piperita* ........... 65
*Drypetes lasiogynoides* ........... 66
*Drypetes longifolia* ........... 66
*Duabanga moluccana* ........... 67
*Dysoxylum arborescens* ........... 67
*Dysoxylum gaudichaudianum* ........... 68
*Dysoxylum mollissimum* subsp. *molle* ........... 68
*Dysoxylum parasiticum* ........... 69
*Dysoxylum pettigrewianum* ........... 69

# E

*Elaeocarpus arnhemicus* ........... 70
*Elaeocarpus dolichodactylus* ........... 70
*Elaeocarpus floridanus* ........... 71
*Elaeocarpus fuscoides* ........... 71
*Elaeocarpus miegei* ........... 72
*Elaeocarpus polydactylus* ........... 72
*Elaeocarpus schlechterianus* ........... 73
*Elaeocarpus sericoloides* ........... 73
*Elaeocarpus sphaericus* ........... 74
*Elaeocarpus trichophyllus* ........... 74
*Elaeocarpus undulatus* ........... 75
*Elaeocarpus womersleyi* ........... 75
*Emmenosperma alphitonoides* ........... 76
*Endiandra flavinervis* ........... 76
*Endiandra forbesii* ........... 77
*Endiandra latifolia* ........... 77
*Endiandra whitmorei* ........... 78
*Erythrina merrilliana* ........... 78

*Eucalyptopsis papuana* ... 79
*Eucalyptus deglupta* ... 79
*Eucalyptus tereticornis* ... 80
*Euroschinus papuanus* ... 80

## F

*Fagraea berteroana* ... 81
*Fagraea gracilipes* ... 81
*Fagraea racemosa* ... 82
*Ficus botryocarpa* ... 82
*Ficus calopilina* ... 83
*Ficus erythrosperma* ... 83
*Ficus gul* ... 84
*Ficus melinocarpa* ... 84
*Ficus pseudojaca* ... 85
*Ficus trachypison* ... 85
*Ficus trichocerasa* ... 86
*Ficus variegata* ... 86
*Ficus virgata* ... 87
*Ficus wassa* ... 87
*Finschia chloroxantha* ... 88
*Firmiana papuana* ... 88
*Flindersia amboinensis* ... 89
*Flindersia laevicarpa* var. *heterophylla* ... 89
*Flindersia pimenteliana* ... 90

## G

*Galbulimima belgraveana* ... 90
*Ganophyllum falcatum* ... 91
*Garcinia archboldian* ... 91
*Garcinia dulcis* ... 92
*Garcinia hollrungii* ... 92
*Garcinia hunsteinii* ... 93
*Garcinia ledermannii* ... 93
*Gardenia hansemannii* ... 94
*Gardenia lamingtonii* ... 94
*Garuga floribunda* ... 95
*Geijera salicifolia* ... 95
*Glochidion macrocarpum* ... 96
*Gmelina lepidota* ... 96
*Gmelina macrophylla* ... 97
*Gmelina moluccana* ... 97
*Gmelina sessilis* ... 98
*Gmelina smithii* ... 98
*Gnetum costatum* ... 99
*Gnetum gnemon* ... 99
*Grevillea papuana* ... 100
*Gynotroches axillaris* ... 100

## H

*Haplolobus floribundus* ... 101
*Harpullia aeruginosa* ... 101
*Harpullia leptococca* ... 102
*Harpullia pedicellaris* ... 102
*Harpullia thanatophora* ... 103
*Harpullia vaga* ... 103
*Heritiera novoguineensis* ... 104
*Homalanthus arfakiensis* ... 104
*Homalanthus populneus* ... 105
*Homalium foetidum* ... 105
*Homalium reductum* ... 106
*Hopea forbesii* ... 106
*Hopea glabrifolia* ... 107
*Hopea iriana* ... 107
*Hopea papuana* ... 108
*Horsfieldia polyantha* ... 108
*Horsfieldia sylvestris* ... 109

## I

*Ilex cymosa* ... 109
*Ilex havilandii* ... 110
*Ilex versteeghii* ... 110
*Intsia bijuga* ... 111
*Intsia palembanica* ... 111

## K

*Kleinhovia hospita* ... 112

## L

*Leea indica* ... 112
*Lepiniopsis ternatensis* ... 113
*Levieria nitens* ... 113
*Levieria squarrosa* ... 114
*Ligustrum novoguineensis* ... 114
*Lithocarpus sogerensis* ... 115
*Lithocarpus vinkii* ... 115
*Litsea buinensis* ... 116
*Litsea collina* ... 116
*Litsea domarensis* ... 117
*Litsea elliptica* ... 117
*Litsea engleriana* ... 118
*Litsea exsudens* ... 118
*Litsea firma* ... 119
*Litsea globosa* ... 119
*Litsea irianensis* ... 120
*Litsea perlucida* ... 120

| | |
|---|---|
| *Litsea psilophylla* | 121 |
| *Litsea timoriana* | 121 |
| *Lumnitzera littorea* | 122 |
| *Lumnitzera racemosa* | 122 |
| *Lunasia amara* | 123 |

# M

| | |
|---|---|
| *Macaranga glaberrima* | 123 |
| *Macaranga quadriglandulosa* | 124 |
| *Macaranga tanarius* | 124 |
| *Mallotus didymochryseus* | 125 |
| *Mallotus mollissimus* | 125 |
| *Mallotus paniculatus* | 126 |
| *Mallotus trinervius* | 126 |
| *Mangifera minor* | 127 |
| *Mangifera mucronulata* | 127 |
| *Maniltoa schefferi* | 128 |
| *Maranthes corymbosa* | 128 |
| *Mastixiodendron pachyclados* | 129 |
| *Mastixiodendron smithii* | 129 |
| *Medusanthera laxiflora* | 130 |
| *Melaleuca cajuputi* | 130 |
| *Melaleuca leucadendron* | 131 |
| *Melanolepis multiglandulosa* | 131 |
| *Melicope elleryana* | 132 |
| *Melicope latifolia* | 132 |
| *Microcos grandifolia* | 133 |
| *Micromelum minutum* | 133 |
| *Mischocarpus montanus* | 134 |
| *Mitragyna speciosa* | 134 |
| *Myristica buchneriana* | 135 |
| *Myristica chrysophylla* | 135 |
| *Myristica cornutiflora* | 136 |
| *Myristica globosa* | 136 |
| *Myristica hollrungii* | 137 |
| *Myristica longipes* | 137 |
| *Myristica sulcata* | 138 |
| *Myristica undulatifolia* | 138 |
| *Myrsine leucantha* | 139 |

# N

| | |
|---|---|
| *Neonauclea chalmersii* | 139 |
| *Neonauclea clemensiae* | 140 |
| *Neonauclea forsteri* | 140 |
| *Neonauclea hagenii* | 141 |
| *Neonauclea maluensis* | 141 |
| *Neonauclea obversifolia* | 142 |
| *Neonauclea solomonensis* | 142 |

| | |
|---|---|
| *Nothofagus flaviramea* | 143 |
| *Nothofagus grandis* | 143 |
| *Nothofagus pullei* | 144 |
| *Nothofagus resinosa* | 144 |
| *Nothofagus rubra* | 145 |
| *Nothofagus starkenborghii* | 145 |

# O

| | |
|---|---|
| *Ochrosia glomerata* | 146 |
| *Octomeles sumatrana* | 146 |
| *Omalanthus populifolius* | 147 |

# P

| | |
|---|---|
| *Palaquium amboinense* | 147 |
| *Palaquium galactoxylum* var. *salomonense* | 148 |
| *Palaquium morobense* | 148 |
| *Palaquium simun* | 149 |
| *Pangium edule* | 149 |
| *Parartocarpus venenosa* | 150 |
| *Parinari nonda* | 150 |
| *Pavetta indica* | 151 |
| *Pentaphalangium crassinerve* | 151 |
| *Pericopsis mooniana* | 152 |
| *Phoebe forbesii* | 152 |
| *Phyllocladus hypophyllus* | 153 |
| *Pimelodendron amboinicum* | 153 |
| *Pipturus argenteus* | 154 |
| *Pittosporum ferrugineum* | 154 |
| *Planchonella anteridifera* | 155 |
| *Planchonella chartacea* | 155 |
| *Planchonella firma* | 156 |
| *Planchonella ledermannii* | 156 |
| *Planchonella macropoda* | 157 |
| *Planchonella nebulicola* | 157 |
| *Planchonella sayerii* | 158 |
| *Planchonella thyrsoidea* | 158 |
| *Planchonella torricellensis* | 159 |
| *Polyalthia forbesii* | 159 |
| *Polyalthia oblongifolia* | 160 |
| *Polyosma integrifolia* | 160 |
| *Polyscias elegans* | 161 |
| *Polyscias ledermannii* | 161 |
| *Pometia pinnata* | 162 |
| *Pouteria luzoniensis* | 162 |
| *Prainea papuana* | 163 |
| *Premna inaequilateralis* | 163 |
| *Premna odorata* | 164 |
| *Premna serratifolia* | 164 |

| | | | |
|---|---|---|---|
| *Protium macgregorii* | 165 | *Syzygium claviflorum* | 186 |
| *Prunus brachystachya* | 165 | *Syzygium furfuraceum* | 186 |
| *Prunus costata* | 166 | *Syzygium laqueatum* | 187 |
| *Prunus dolichobotrys* | 166 | *Syzygium leptophlebium* | 187 |
| *Prunus gazelle-peninsulae* | 167 | *Syzygium longipes* | 188 |
| *Prunus grisea* | 167 | *Syzygium malaccense* | 188 |
| *Prunus schlechteri* | 168 | *Syzygium pachycladum* | 189 |
| *Pseudobotrys cauliflora* | 168 | *Syzygium schumannianum* | 189 |
| *Pterocarpus indicus* | 169 | *Syzygium subalatum* | 190 |
| *Pullea glabra* | 169 | *Syzygium subcorymbosum* | 190 |
| | | *Syzygium thornei* | 191 |
| | | *Syzygium tierneyanum* | 191 |
| | | *Syzygium variabile* | 192 |

## Q

*Quassia indica* ............ 170

## R

*Rapanea involucrata* ............ 170
*Rapanea leucantha* ............ 171
*Rhizophora apiculata* ............ 171
*Rhizophora mucronata* ............ 172
*Rhizophora stylosa* ............ 172
*Rhus taitensis* ............ 173

## T

| | |
|---|---|
| *Tarenna sambucina* | 192 |
| *Terminalia archipelagi* | 193 |
| *Terminalia brassii* | 193 |
| *Terminalia canaliculata* | 194 |
| *Terminalia complanata* | 194 |
| *Terminalia impediens* | 195 |
| *Terminalia microcarpa* | 195 |
| *Terminalia oreadum* | 196 |
| *Terminalia rubiginosa* | 196 |
| *Terminalia sepicana* | 197 |
| *Terminalia solomonensis* | 197 |
| *Terminalia steenisiana* | 198 |
| *Ternstroemia cherryi* | 198 |
| *Ternstroemia merrilliana* | 199 |
| *Ternstroemia rehderiana* | 199 |
| *Tetrameles nudiflora* | 200 |
| *Thespesia patellifera* | 200 |
| *Thespesia populnea* | 201 |
| *Timonius belensis* | 201 |
| *Timonius kaniensis* | 202 |
| *Timonius pubistipulus* | 202 |
| *Timonius timon* | 203 |
| *Toechima erythrocarpum* | 203 |
| *Toona sureni* | 204 |
| *Trema orientalis* | 204 |
| *Trichadenia philippinensis* | 205 |
| *Tristiropsis canarioides* | 205 |
| *Tristiropsis subangula* | 206 |
| *Turpinia pentandra* | 206 |

## S

| | |
|---|---|
| *Sarcopteryx squamosa* | 173 |
| *Saurauia conferta* | 174 |
| *Saurauia schumannii* | 174 |
| *Scaevola frutescens* | 175 |
| *Schefflera stahliana* | 175 |
| *Schizomeria ilicina* | 176 |
| *Schizomeria serrata* | 176 |
| *Semecarpus australiensis* | 177 |
| *Semecarpus magnifica* | 177 |
| *Shirakiopsis indica* | 178 |
| *Sloanea forbesii* | 178 |
| *Spondias dulcis* | 179 |
| *Stemonurus ammui* | 179 |
| *Stenocarpus moorei* | 180 |
| *Sterculia ampla* | 180 |
| *Sterculia edelfeltii* | 181 |
| *Sterculia oncinocarpa* | 181 |
| *Sterculia schumanniana* | 182 |
| *Streblus urophyllus* | 182 |
| *Syndyophyllum excelsum* | 183 |
| *Syzygium acutangulum* | 183 |
| *Syzygium adelphicum* | 184 |
| *Syzygium alatum* | 184 |
| *Syzygium aqueum* | 185 |
| *Syzygium branderhorstii* | 185 |

## V

*Vaccinium apiculatum* ............ 207
*Vatica papuana* ............ 207

*Vernonia arborea* ......... 208
*Vitex cofassus* ......... 208
*Voacanga grandifolia* ......... 209

## W

*Weinmannia blumei* ......... 209
*Weinmannia urdanetensis* ......... 210
*Wrightia laevis* ......... 210

## X

*Xanthomyrtus montivaga* ......... 211
*Xanthophyllum papuanum* ......... 211
*Xylocarpus granatum* ......... 212
*Xylopia calosericea* ......... 212
*Xylopia papuana* ......... 213

## Z

*Zanthoxylum megistophyllum* ......... 213
*Ziziphus angustifolia* ......... 214